KB126068

국제결혼 잘하는 8가지 방법

국제결혼 잘하는 8가지 방법

초 판 1쇄 2020년 09월 10일

지은이 김표영
펴낸이 류종렬

펴낸곳 미다스북스
총괄실장 명상완
책임편집 이다경
책임진행 박새연 김가영 신은서 임종익
본문교정 최은혜 강윤희 정은희 정필례

등록 2001년 3월 21일 제2001-000040호
주소 서울시 마포구 양화로 133 서교타워 711호
전화 02) 322-7802~3
팩스 02) 6007-1845
블로그 http://blog.naver.com/midasbooks
전자주소 midasbooks@hanmail.net
페이스북 https://www.facebook.com/midasbooks425

ISBN 978-89-6637-847-0 03590

값 15,000원

서로 다른 문화와 언어를 가지고
어떻게 행복하게 살 수 있을까?

국제결혼 잘하는 8가지 방법

김표영 지음

미다스북스

당신의 국제결혼은 어떤 모습이길 원하는가?

나는 국제결혼을 생각하지 않았다. 그건 내 인생에서 절대 일어나지 않을 일이라고 생각했기 때문이다. 아마 대부분 국제결혼을 선택한 남자들도 이런 생각이었을 것이다.

그러나 인생은 때로 우리를 전혀 생각하지도 못했던 곳으로 이끌어간다. 우리가 준비가 됐든, 그렇지 않든 말이다. 누군가 이런 말을 했던 게 기억난다.

"모르면 용감하다."

내가 국제결혼을 하러 갔을 때 딱 이 상태였던 것 같다. 아무런 준비도 없었고, 아무런 조사도 없었다. 다행인 것은 소개받은 업체 사장님이 나와 잘 맞고 좋은 분이라는 느낌이 전부였다.

나는 운이 정말 좋았다고 생각한다. 첫 번째, 수많은 업체 중 양심적이고 나와 맞는 업체를 만난 것이고, 두 번째, 지금의 아내를 만난 것이다. 하지만 행복한 결혼, 성공적인 결혼은 매순간 나의 노력과 인내를 요구했다. 그 과정에서 나는 나의 부족함을 느꼈고, 국제결혼해서 산다는 게 만만한 일이 아니란 것을 깨닫게 되었다. 물론 모든 결혼생활은 쉽지 않을 것이다.

어제 아내가 일하는 식당 사장님과 통화를 하게 되었다. 사장님은 대뜸 나에게 물어볼 게 있다며 질문을 했다. 질문 내용은 이랬다. 50대로 보이는 한 남성분이 베트남식당 간판을 보고 식당에 들어와서는 사장님께 여러 가지 질문을 했다고 한다. 그 남성은 사장님께 베트남 직원이 있는지를 물었고, 통역해줄 사람을 소개해줄 수 있는지 물어봤다고 한다. 사정을 자세히 들어보니 그 남성은 여러 가지 문제를 안고 있는 것 같았다. 그의 아내는 2~3일에 한 번씩 돈을 보내달라고 요구했고, 입국이 계속 지연되고 있었다. 문제는 그런 상황에 대해 그가 명확한 이유를 알지 못하고 있다는 것이었다.

그 남성분은 이 문제를 두고 업체에 문의를 했지만, 업체는 명확하게 해결해주지 못했다. 그 남성은 오죽이나 답답했으면 구청에 가서 이 문제를 어떻게 해결할 수 있는지 물어봤다고 한다. 사장님은 이런 이야기를 하면서 나에게 국제결혼하면 바로 들어오는 게 아닌지, 원래 그렇게 돈을 자주 보내주는 게 맞는지 등의 질문을 했다. 나는 사장님께 경험을 이야기하면서 업체가 문제가 있어 보인다는 말씀을 드렸다.

이 상황에서 보면 국제결혼을 한 남성이 문제를 풀기 위해 스스로 알아보러 다니는 것 자체가 문제라고 볼 수 있다. 이런 문제는 업체가 중간에서 해결해주는 것이 당연하기 때문이다. 업체는 여성이 생활비를 자주 요구하는 이유를 파악해서 남성에게 설명해야 한다. 만약 여성에게 문제가 있다 싶으면 업체가 나서서 해결해주는 것이 맞다. 그리고 입국이 지연되는 게 현재 코로나 사태 때문에 지연되는 건지, 신부가 한국어 시험 문제로 늦어지는 건지 명확하게 알려주어야 한다. 국제결혼을 한 남성이 이런 답답한 상황에서 스스로 문제를 해결하는 건 거의 불가능에 가깝다. 업체의 역할이 얼마나 중요한지 확인할 수 있는 대목이다.

국제결혼을 하려는 당신이 상상하는 모습은 적어도 이런 모습이 아닐 것이다. 아직 제대로 부부 생활을 시작한 것도 아닌 상황에서 말이다. 쌀국수집 사장님은 그 남성을 보며 "나이도 많아 보이시는데 그냥 혼자 살지 왜 국제결혼까지 했느냐?"라며 안타까운 마음을 전했다. 그 남성도 사장님의 말에 어느 정도 동의한 듯 자신의 선택을 후회하고 있었다. 나는 사장님의 말을 들으면서 한편으로는 그 남성분의 마음도 이해가 갔다. 나이가 먹었다고 해서 행복하게 살고 싶은 마음까지 늙는 건 아니기 때문이다.

이후로 남성분이 그 문제를 잘 해결했는지는 모르겠다. 하지만 국제결혼을 중개한 업체에 대해서만큼은 의문이 많이 남는다. 어떻게 당사자가 이렇게 답답해하는데 방관할 수 있는지 이해가 되지 않았다. 신부가 한국에 들어온 뒤 부부 사이에서 발생한 문제는 두 사람이 스스로 풀어가야겠지만 그전까지는 업체가 책임지고 문제를 해결해주어야 한다. 나는 이런 당연한 일도 제대로 수행하지 않는 업체가 있다는 사실을 바로 옆에서 확인할 수 있었다.

만약 당신이 국제결혼을 생각한다면 모든 일을 운에 맡기지 않길 바란다. 나는 앞에서 운이 좋았다고 말했다. 그리고 그 운은 당신에게도 충분히 일어날 수 있지만 인생을 가르는 중요한 선택지에서는 반대의 경우도 생각해봐야 한다. 운이 좋아서 일이 순조롭게 마무리될 수도 있지만, 운이 따르지 않으면 돌이킬 수 없는 결과를 맞이해야 하기 때문이다.

나는 이 책에 내가 경험하고 깨달은 것을 담았다. 국제결혼 준비에서도 외적인 부분보다는 내적인 부분에 집중했다. 그리고 나와 맞는 양심적인 업체를 선택하려면 어떻게 해야 하는지도 담았다. 물론 나의 경험으로만 다루기엔 부족한 부분도 분명히 있다. 하지만 이 책이 한 명에게라도 도움이 되었다면 이 책은 책으로서의 소명을 다했다고 생각한다.

나는 책을 마무리하면서 성공한 국제결혼이란 과연 무엇인지 생각했다. 그 생각의 끝에서 발견한 건 '영원한 성공'은 없다는 것이었다. 지금 겉으로는 성공한 국제결혼처럼 보여도 위기는 생활 곳곳에서 항상 도사리고 있다. 반대로 국제결혼을 하고 매번 싸우고 다투는 부부 관계를 이어간다고 해서 영원히 실패한 것도 아니다.

국제결혼을 바로 앞둔 사람에게는 양심적인 업체, 합리적인 비용, 예쁜 신부가 관심의 대상일 것이다. 그러나 정말 중요한 것은 그 이후의 삶이다. 이 3가지가 행복하고 성공적인 결혼생활을 보장하는 것은 아니다. 서로 다른 문화와 언어를 가진 두 사람이 결혼 생활을 시작하는 순간부터 행복은 스스로의 선택에 달려 있다.

어떤 책에서는 결혼이란 행복하기 위해서 하는 게 아니라고 말한다. 혼자보단 둘이였을 때 생존확률이 올라가기 때문에 결혼하는 것이 더 유리하다고 보는 시각도 있다. 이 말도 일리가 있긴 하지만 부부로서 살아가는 삶이 오로지 생존하기 위해서라면 우리의 삶이 너무 팍팍하지 않을까 하는 생각이 든다.

나는 국제결혼으로 행복한 가정을 이루었다. 또 책도 썼다. 앞으로 다른 목표가 있다면 '국제결혼 성공 메신저'가 되는 것이다. 많은 이들이 여러 가지 이유로 국제결혼을 선택한다. 그들 중에는 비양심적인 업체를 만나 피해를 보는 이들도 많다. 나는 해결보다 예방이 중요하다고 생각한다. 마음 같아선 피해자들을 돕고 싶지만 현재로선 나의 역량을 벗어나는 일이다. 다만, 국제결혼을 생각하고 있는 분들이 피해를 입지 않고 성공적이고 행복한 가정을 이루는 데 도움을 드리고 싶다. 더 나아가서는 국제결혼을 바라보는 시선이 한층 더 성장하는 데 일조하고 싶다.

이 책을 쓰는 동안 곁에서 나를 응원해주고 믿어준 아내 정혜영에게 고마운 마음을 전한다. 부족한 막내아들을 누구보다 자랑스럽게 여기시는 나의 어머니 '오인남' 님과 아버지 '김해규' 님에게 진심으로 감사를 드린다. 걱정스럽고 안타까운 마음으로 지켜보셨을 우리 할머니 '박명순' 님에게도 감사드린다. 그리고 나의 국제결혼을 연결해주신 '이준' 님과 지금의 아내를 만나게 해준 최미경 대표님께도 감사드린다.

이 책은 국제결혼을 하게 되기까지의 3년간의 경험을 담았다. 국제결혼을 하고 사랑하는 사람이 생기고 나니 이전에 없던 삶에 대한 열정이 생기기 시작했다. 그래서 그동안 잊고 있던 나의 꿈을 다시 찾기 시작했다. 그 덕분에 책 쓰기에 도전하게 되었다.

내 안의 잠재력을 이끌어주시고 세상에 펼쳐낼 수 있도록 도움을 주신 〈한국책쓰기1인창업코칭협회(이하 〈한책협〉)〉의 김태광 대표 코치님께 진심으로 감사의 마음을 전한다. 더불어 이 책이 세상에 나올 수 있게 만들어주신 미다스북스 편집장님과 직원분들에게도 감사드린다. 끝으로 〈한책협〉 선후배 작가님들에게 감사의 마음을 전한다. 긍정의 힘과 응원을 아낌없이 보내주신 작가님들에게 진심으로 감사드린다.

목 차

1 장

나는 왜 국제결혼을 했는가?

1

나는 왜 지금의 아내와 결혼했을까?

지인의 소개로 소개팅을 나간 적이 있다. 여성분의 직업은 음악인이었다. 그래서일까. 첫 느낌이 차분하고 단아해 보였다. 우리는 식사를 하면서 이런저런 대화를 나누었다. 화기애애하지도 차갑지도 않았다. 그렇게 식사를 마치고 나서 주차장으로 내려갔다. 여성분이 택시를 타고 왔기에 바래다주기로 했다. 새 차를 뽑은 나는 의기양양하게 차로 안내했다. 차 안에서도 그저 그런 대화가 이어졌다. 서로의 연락처를 주고받았다. 그리고 그날의 소개팅은 별다른 느낌 없이 마무리되었다.

며칠 뒤 문자를 주고받으며 우리는 잠깐 만나기로 했다. 그리고 연락을 주고받다가 만나기로 한 다음 날이 그녀의 생일이란 사실을 알게 되었다. 나에게 생일 날짜를 말해준 게 그린라이트라 생각하고 그녀에게 줄 생일선물로 디퓨저를 준비했다. 디퓨저를 받은 그녀는 어색한 미소를 지어보였다. 그 후로 우리의 만남은 이어지지 않았다.

나는 결혼 전, 주변의 지인이나 친구들에게 소개팅을 여러 번 받았다. 그러나 소개팅이 연애로까지 이어지는 경우는 거의 없었다. 뭐가 문제일까? 길거리에 나가보면 많은 커플들을 보게 된다. 그중에는 나보다 외모가 못하다고 생각하는 남자들도 있었다. 그 남자들에게는 있는데 내겐 없는 게 무엇일까 생각했고 한참이 지난 뒤에야 알게 되었다. 그동안 나 자신을 사랑하지 않았다는 사실을. 그저 사랑받기 위해 여기저기 사랑을 찾아 다녔다는 사실을 말이다. 나는 사랑받으려고 여자에게만 맞춰주었다. 그곳에 나는 없었고 자존감이 낮은 한 남자만 있었다.

군대 전역을 하고 나서였던 것으로 기억한다. 그때 당시 성인오락실이 한창 유행이었다. 성인오락실은 다른 곳보다 페이가 높았는데 뭐하는 곳인지 궁금했던 나는 그곳에서 일하기 시작했다. 일이 익숙해지자 나는 더 좋은 조건의 업장으로 갔다. 그러던 어느 날 새로 여자 아르바이트생이 들어왔다. 나보다 어린 그녀는 나의 시선을 단번에 사로잡았다. 순간 가슴이 두근거렸다. 그리고 혼자만의 짝사랑이 시작되었다.

나는 그녀의 편의를 위해 모든 걸 다했다. 손님이 없는 시간에는 들어가 눈 좀 붙이라고 했다. 청소도 혼자 다 했다. 그렇게 하면 그녀가 나의 마음을 알아줄 거라 생각했기 때문이었다. 하지만 나의 이런 노력에도 그녀는 반응을 보이지 않았다. 이대로는 안 되겠다 싶었다. 은근슬쩍 그녀의 생일을 물어봤다. 그리고 생일선물로 시계를 선물하기로 했다.

나는 고등학교 때 좋아했던 아이에게 고백했다가 차인 적이 있다. 고백하기 전 떨리고 설레던 감정은 거절이라는 반응으로 산산이 부서졌던 기억이 있다. 그런 경험은 여자에게 쉽게 다가서지 못하는 트라우마로 작용했다. 이번에도 거절당할까 봐 두려웠다. 그래서 나는 고백 대신 시계로 마음을 전하기로 했다. 시계를 받은 그녀는 좋아했다. 하지만 문제는 시계를 단순히 생일선물로만 생각한다는 것이었다. 얼마 뒤 그녀는 다른 곳에서 일을 하기 시작했다. 나는 내 마음을 제대로 전하지 못해서 후회가 되었다. 그리고 이번에는 나의 마음을 전할 수 있는 선물을 하기로 했다. 처음으로 액세서리 가게를 방문했다. 직원의 안내를 받아 마음을 다해 반지를 골랐다. 그리고 나는 별모양의 반지를 샀다. 이것을 전해줄 생각에 벌써부터 심장이 두근거렸다.

오락실 앞에서 그녀가 나오길 기다렸다. 한참이 지난 뒤에야 그녀가 나왔다. 피곤한 모습에 약간은 귀찮은 듯한 표정이었다. 순간 망설여졌다. 하지만 큰 용기를 내어 온 만큼 난 용기를 내어 그녀에게 준비한 반지를 건넸다. 그리고 그녀가 반지 케이스를 열고 닫는 데는 그리 오래 걸리지 않았다. 반지는 다시 나에게로 돌아왔다.

20대 초반부터 나의 연애는 빙하기 그 자체였다. 중간에 연애를 하긴 했지만 손에 꼽을 정도다. 그것도 아주 짧은 몇 개월의 만남이었다. 30대가 되어서도 나의 연애는 별 차이 없었다. 30대 중반에 들어서자 이제는 연애가 아닌 결혼이 시급한 문제로 다가왔다. 주변의 친구들은 하나둘 결혼하기 시작했다.

결혼식장에서 친구들을 만나면 서로 안부를 물었다. "너는 장가 언제 가냐? 여자친구는 있냐?"라고 형식적인 질문을 했다. 그러고 나면 씁쓸한 감정만 남았다. 부모님은 결혼에 관해서는 크게 닦달하지 않으셨다. 우리 아들 정도면 당연히 괜찮은 신부감을 데리고 올 거라 생각하신 듯했다. 마을의 교회분들도 나를 항상 1등 신랑감처럼 대하셨다. 얼마나 예쁜 신부를 데려오려고 장가 안 가냐고 말씀하셨다. 부모님과 마을 어르신들의 이런 반응은 풍요속의 빈곤처럼 느껴졌다. 평범한 직장인으로 살면서 나에겐 꿈이 없었다. 꿈이 없었기에 월급을 받으면 계획 없이 목적 없이 썼다. 먹고 싶은 거 먹고 사고 싶은 것을 샀다. 그런데도 마음의 공허함은 채워지지 않았다.

나는 한때 카드 영업을 했다. 그곳에서 알게 된 형님 한 분이 있다. 서로 스스럼없이 지낼 정도로 가까운 사이였다. 나에게 여러 번의 소개팅을 주선한 분이기도 하다. 6년 전 그분은 나의 연애사를 보며 농담처럼 말했다.

"너 이도 저도 안 되면 국제결혼 한번 생각해봐."

그때 내 나이가 30대 초반이었다.

"형님, 장난해요? 내 나이가 몇인데 무슨 국제결혼을 해요."

그때까지 난 국제결혼은 40세 넘은 노총각들이나 하는 것으로 생각했었다. 그리고 내가 국제결혼을 할 거라고는 상상도 못 했다.

36살, 마지막 소개팅 이후에 나의 갈증은 더해만 갔다. 만남을 주선한 형님에게 다음 소개팅은 언제냐고 계속 물어댔다. 마치 소개팅을 한 번 더 하면 좋은 결과가 있을 거라 장담하듯 말했다. 그러나 더 이상의 소개팅은 의미가 없었다. 괜찮아 보이는 여성은 나를 마음에 들어 하지 않았기 때문이다. 그 순간 생각했다. 눈을 낮추든가 다른 대안이 필요하다는 것을.

어느 날 집으로 가던 중 형님에게 카톡이 왔다. 내용을 확인해보니 여러 장의 사진이 있었다. 20대 초반의 여성으로 외모가 약간 이국적이었다. 그중 내 눈을 사로잡은 여성이 한 명 있었다. 참으로 오랜만에 느껴보는 두근거림이었다. 나는 바로 답장을 보냈고 사진 속 여성이 우리나라 사람이 아니라는 사실을 알게 되었다. 좀 더 자세한 내용을 알기 위해 형님께 전화를 했다. 전화를 통해 알게 된 사실은 이러했다. 형님 동창 중에 국제결혼 업체를 운영하는 친구가 있었다. 그 친구분에게 나의 이야기를 했으니 상담을 한번 받아보라는 것이었다.

남자는 시각적 동물이다. 그걸 알았던 형님은 나에게 사진부터 보낸 것이다. 난 국제결혼 하면 외모가 전부 이국적일 거라 생각했다. 하지만 사진을 보고 나서 그것이 나만의 편견이었다는 사실을 알게 되었고 사진 속 여성이 라오스 사람이었다는 사실도 알게 되었다.

라오스로 가기까지는 오래 걸리지 않았다. 그리고 마침내 맞선을 보는 날이 밝아왔다. 대략 8명의 여성과 맞선을 가졌다. 난 사진 속의 여성이 언제쯤 나오나 손꼽아 기다렸다. 그리고 마침내 사진 속 여성이 등장했다. 그런데 사진 속의 모습과는 사뭇 분위기가 달랐다. 이목구비는 크게 다르지 않았다. 다만 많이 마른 데다 피부가 거칠어 보였다. 하지만 중요한 것은 여성의 반응이 그리 적극적이지 않다는 것이었다. 사진을 봤을 때의 설렘은 사라져가고 있었다. 한 명의 여성만 바라보고 온 나로서는 맥이 빠지는 일이었다. 그리고 다음 순서의 여성분이 들어왔다. 첫 느낌은 그냥 그랬다. 자리에 앉자 형식적인 질문이 오고갔다. 그런데 뭔가 이전의 여성들과는 느낌이 달랐다.

그 여성은 나와 눈을 자주 마주쳤다. 아니 마주치려는 듯했다. 그리고 긴장이 조금 풀렸는지 나를 보며 환하게 웃기 시작했다. 그 웃음을 보고 알게 되었다. 나의 아내가 될 사람이라는 것을. 지금까지 살면서 나를 보고 그렇게 웃어주는 여성은 보지 못했다. 그 미소는 나에게 확신을 심어주었다.

언젠가 책에서 이런 내용을 본 기억이 난다.

"신은 인간의 언어로 뜻을 전하지 않고 느낌으로 전달한다."

그러고 보면 나의 느낌이 여기까지 오게 한 것 같다. 처음 사진을 봤을 때의 느낌. 지금 아내의 웃음을 봤을 때의 느낌. 이 느낌이 없었다면 난 국제결혼을 하지 않았을 것이다. 그리고 다시 한 번 생각해본다. 백 마디 말보다 한 번의 느낌이 더 진실하지 않을까.

2

내가
이러려고
국제결혼 했나

얼마 전 유명 연예인의 결혼기사를 보았다. 신랑과 신부는 너무도 멋지고 아름다웠다. 많은 이들의 부러움과 찬사를 받으며 결혼식이 거행되었다. 그러나 완벽해 보이는 결혼식은 불과 얼마 되지 않아 이혼이라는 결말로 끝나고야 말았다. 모든 사람이 그들의 이혼 사유가 뭐였는지 궁금해했는데 공식적인 이혼 사유는 성격 차이였다고 전했다.

지금까지 연예인들의 이혼 사유를 보면 대부분 성격 차이다. 물론 성격 차이도 원인 중 하나다. 나는 이미지가 중요한 연예인들이 가장 둘러대기 무난한 답은 성격 차이라고 생각한다. 그래서 그들은 자신의 이미지를 위해 성격 차이라는 말로 신비감을 유지하고자 한다. 그리고 모든 남녀의 문제는 이 성격 차이라는 포괄적인 테두리 안에서 시작된다고도 생각한다.

20대 후반에 한 여성을 만났다. 정식으로 사귀는 건 아니었다. 하지만 데이트하고 이런 부분은 다른 커플들과 크게 다르지 않았다. 한번은 주차장에서 출발하려고 시동을 걸고 있을 때였다. 서로 장난을 치다가 내가 그녀를 꼬집었다. 그렇게 세게 꼬집지는 않았다. 분명 다 알 것이다. 장난치는 사람이 죽기 살기로 힘주어 꼬집지는 않으니 말이다. 그녀는 꼬집던 내 손을 잡았다. 그러고는 있는 힘껏 내 손을 물어버렸다. 나는 너무 아파서 순간 욕이 나올 뻔했다. 순간의 이성을 붙잡지 않았다면 주먹이 날아가버렸을지도 모른다.

주차장에서의 일이 지나고 며칠 뒤 우리는 다시 만났다. 특별히 무엇을 하려고 만난 건 아니었던 것 같다. 말 그대로 그냥 만났다. 아마도 아직 주차장에서 겪은 일에 대해 서로의 감정을 마무리하지 않은 것도 작용한 것 같았다. 차에 탄 그녀는 어디 갈 거냐고 나에게 물었다. 나는 대답했다. "밥 먹으러 갈까?" 그녀는 대꾸하지 않았다. "그럼 술 마시러 갈까?" 역시 대답이 없었다. 나는 참고 참아 한 번 더 물었다. "그럼 드라이브는 어때?" 역시 대답이 없었다. 나는 이럴 거면 왜 나왔는지 이해가 되지 않았다. 화가 머리끝까지 난 채 그녀를 집으로 바래다주었다. 하지만 도착한 뒤에도 그녀는 차에서 내리지 않았다. 서로 말도 없이 차 안에 정적만이 흘렀다. 마침내 그녀가 말하기 시작했다. 그녀의 말을 듣는 동안 나는 어떠한 대꾸도 할 수 없었다. 만나서 무엇을 하는 게 중요한 게 아니었다. 정확히 말하면 그녀를 만나 무엇을 할지 무엇을 하고 싶은지 생각하지 않았다는 것이었다. 우리는 좋아하는 사람을 만나면 무엇을 같이 하고 싶은지 생각하게 된다. 나는 그녀에게 그런 모습을 보여주지 못했다. 그저 같이 시간을 보내줄 사람 정도로만 생각한 것이었다.

나의 마음을 정확히 들켜버리자 아무 말도 할 수 없었다. 하지만 나를 더 놀라게 한 사실은 따로 있었다. 그녀가 화내는 모습에 나는 심장을 움켜쥐었다. 여자가 이렇게도 무서울 수가 있다는 사실에 너무도 놀랐다. 그 뒤로 나는 그녀의 연락을 받지 않았다. 야수로 변해버리는 그녀를 감당할 자신이 없었다. 우리의 관계에는 그 어떤 교감도 이해도 없었다. 그리고 더욱 중요한 것은 그 문제에 대해 누구도 먼저 나서지 않았다는 사실이다.

아내가 한국에 들어와 산 지 얼마 되지 않았을 때였다. 평소 나는 방을 아주 깔끔하게 쓰는 편이다. 방바닥에 머리카락이 보이면 가만두지 않는다. TV 선반에 먼지가 쌓이는 일은 거의 없다. 물건이나 옷도 항상 제자리에 둔다. 하지만 아내가 오고 같이 생활하기 시작하자 나의 패턴이 하나둘 깨지기 시작했다. 라오스에서 온 아내는 정리라는 개념에 익숙하지 않았다. 한 번 썼던 물건이나 옷을 제자리에 두는 것은 항상 나의 몫이었다. 처음이라 그러려니 했다. 그런데 문제는 사람인 나도 가끔씩 피곤하고 기분이 안 좋을 때가 있다는 것이었다. 한번은 퇴근하고 왔는데 물건과 옷가지가 제멋대로 되어 있어서 그 모습을 보고 아내에게 화를 냈다.

처음에 아내는 나의 말을 듣는 듯했다. 하지만 그 빈도수가 늘자 아내도 나에게 짜증을 내기 시작했다. 아내는 하루 종일 혼자 있다가 남편이 오면 반가운 마음으로 반기는데 퇴근한 남편이 오자마자 짜증부터 내니 본인도 화가 났을 것이다. 이런 사소한 일로 아내가 운 적도 많았다. 그 모습을 볼 때마다 나는 너무도 가슴이 아팠다. 나 자신이 너무 바보처럼 느껴졌다. '아내가 못 하면 내가 하면 되지.' 왜 또 화를 냈냐며 말이다.

나는 국제결혼을 하고 나서 나의 부족함을 뼈저리게 느꼈다. 아내가 한국에 온 뒤로 우리는 한 달에 한 번씩 시골집에 내려갔다. 혼자 살 때는 시골집에 내려가면 가벼운 마음이었다. 그러나 국제결혼 후 시골집에 가면 마음이 조금 무거웠다. 아내가 부모님께 좋은 모습을 보여야 한다는 생각, 우리 부부가 잘 지내는 모습을 보여드려야 한다는 생각이 많았다.

시골집에는 보통 토요일 오후에 내려간다. 그런데 희한하게도 시골집 가기 전날이면 내가 화를 내거나 잔소리를 해서 아내가 우는 날이 많았다. 그러면 나는 시골집을 같이 가기 위해 저녁부터 아내를 달래기 시작한다. 이미 감정이 상할 대로 상해버린 아내를 달래는 게 말로 되는 건 아니었다. 우리는 서로의 언어도 잘 모르니 말이다. 나는 그저 아내를 안아주고 얼굴을 쓰다듬어주었다. 이 방법이 안 통할 땐 무릎 꿇고 아내의 두 손을 잡았다. 그리고 두 손에 입을 맞추고 아내의 눈을 바라보았다. 아내는 아직도 기분이 풀리지 않은 듯 무심한 표정이었다. 그저 핸드폰만 쳐다보고 있었다. 4시간째 이러고 있었을까. 아내는 아직도 그대로였다. 이미 시간은 9시가 넘어가고 있었다. 저녁도 굶은 채 그렇게 달래주다 보니 나도 점점 지쳐갔다.

다음 날이 되어도 아내는 여전히 기분이 풀리지 않아 있었다. 보통 시골집에는 5시에 출발한다. 그전까지는 무슨 일이 있어도 아내의 기분을 풀어줘야만 했다. 아직 점심 전이었다. 그래서 아내가 좋아하는 메뉴로 기분을 풀어주기로 시도해보았다. 핸드폰으로 검색한 후 사진을 보여주며 말했다. "혜영, 오빠 배고파. 같이 이거 먹으러 가자." 처음에는 본체만체했다. 그러나 나의 끊임없는 화해 작전이 통했을까. 잠시 후 아내는 옷을 주섬주섬 입기 시작했다. 그리고는 나에게 말했다. "밥 먹으러 안 가?"

극적인 화해가 이루어지고 나면 나의 감정은 2가지 상태가 되었다. 이제 시골집에 같이 갈 수 있겠다는 안도감, 그리고 기분 한 번 풀어주는데 이렇게까지 해야 하나 하는 회의감. 이 2가지 감정은 고비를 넘기고 나면 또다시 반복되었다. 똑같은 상황을 반복하면서도 나는 배우지 못했다. 계속 같은 실수를 하고 또 했다. 그럴 때마다 아내를 달래주는 일은 더 많은 노력이 필요했다. 내가 정말 부족한 사람이라는 것을 국제결혼을 통해 알게 되었다. 그리고 내가 이러려고 국제결혼을 한 건 아니었다는 생각을 했다. 행복하려고 한 결혼이었다. 성공적인 국제결혼 생활을 위해 나는 성장해야만 했다.

문화와 언어가 같은 한국의 부부들조차도 성격 차이로 이혼하는 경우가 허다하다. 성격 차이의 문제는 시작점이 중요하다. 관점은 서로를 인정하고 받아들이는 지점에서부터 시작되어야 한다고 생각한다. 국제결혼은 성격 차이뿐만 아니라 문화와 언어의 차이도 있다. 이 부분을 받아들이는 과정은 생각만큼 쉬운 일은 아니다. 그렇다고 해서 불가능한 것도 아니다. 나는 이런 갈등을 겪을 때마다 생각했다. 내가 이러려고 국제결혼 했나? 나에게 던지는 이 질문은 새로운 관점을 제시해주었다. 세상 모든 일에는 해결책이 있기 마련이다. 풀리지 않는 문제를 다른 관점으로 바라본다면 해결책은 금방 눈에 보일 것이다.

3

결혼은 나도 아내도 처음이다

라오스의 종교문화는 불교문화다. 기독교도 있기는 하지만 교회보다는 사찰을 발견하는 게 훨씬 쉽다. 내가 라오스로 국제결혼 하러 간다고 했을 때 집에서는 이 부분 때문에 걱정하셨다. 바로 우리 집이 기독교 집안이었기 때문이다. 아내 될 사람이 불교신자면 종교로 부딪힐 일이 생길 거라 염려하셨던 것이다. 그러나 그런 걱정은 기우였다. 아내는 나의 종교가 기독교인 것을 처음부터 알고 있었다. 그래서였을까. 내가 굳이 시키지 않았는데도 아내는 언니들과 같이 교회 갔던 사진을 보내주었다. 그 사진을 보며 아내가 참 기특하게 느껴졌다. 그리고 라오스에서의 교회 모습이 색다르게 다가왔다.

한국에 들어오고 나서 나와 아내는 같이 교회에 갔다. 교회분들은 우리 부부를 예쁘게 봐주셨다. 특히 목사님은 우리 부부에게 여러 번 밥도 사주시고 신경을 많이 써주셨다. 나중에 대화하며 알게 된 사실인데 목사님의 조카도 국제결혼을 했다는 것이었다. 나의 국제결혼이 남 일 같지 않았던 목사님은 우리 부부가 잘 살기를 누구보다 바라셨다.

어느 날이었다. 같이 교회 가려고 준비하는데 아내는 계속 누워만 있었다. 나는 씻고 준비하라고 말했다. 그런데도 아내는 일어나지 않고 계속 웅크리고 있었다. 이상한 느낌에 아내에게 다가가 물었다. "혜영, 어디 아파?" 그러자 아내는 얼굴을 찡그리며 배가 아프다고 말했다. 알고 보니 아내는 생리통을 앓고 있었던 것이었다. 나는 급한 대로 진통제를 먹이고 나서 혼자 교회를 갔다. 교회에 들어서자 집사님 한 분이 아내는 어디 있냐고 물으셨다. 나는 어색한 미소를 지으며 그냥 배가 아파서 못 왔다고 둘러댔다. 예배를 드리는 도중 형님에게 카톡이 왔다. 나의 국제결혼을 연결시켜준 형님이었다. 보험을 하시는 형님은 일요일에도 사무실에 나가신다. 사무실은 교회에서 아주 가까웠다. 예배 끝나고 별일 없으면 잠깐 들르라는 내용이었다.

총각 시절 일을 하며 알게 된 형님과는 정말 많은 시간을 보냈다. 한때 억대 연봉을 찍었던 형님은 나에게 영업 기술을 많이 가르쳐주었다. 하지만 내가 습득력이 부족해 그것을 소화하지는 못했다. 대신 내 특기를 살려 밥을 잘 안 해드시는 형님에게 고마움의 의미로 볶음밥과 제육볶음을 종종 해드렸다. 총각 시절 딱히 할 일도, 여자친구도 없었던 나는 형님과 같이 보내는 시간이 많았다. 남자 둘이 만나 할 일이 딱히 없지만 그냥 만나서 노가리 까는 것을 즐겼다. 이 날도 결혼하기 전 옛 추억이 떠올라 형님이 있는 사무실로 향했다.

오랜만에 만나 나누는 대화는 즐거웠다. 과거에 영업했을 때의 일, 소개팅 나갔다가 차인 일, 나는 정말 별로였는데 나를 좋아해줬던 소개팅녀의 근황 등, 이야기보따리가 봇물처럼 터져나왔다. 어느새 아내의 생리통은 잊고 있었다. 그렇게 이야기를 나누다 보니 시간은 어느새 3시가 넘어갔다. 그래도 난 별일이야 있겠냐는 생각에 좀 더 있다가 가기로 마음먹었다. 잠시 후 시계를 보니 4시를 넘어가고 있었다. 너무 오래 있었다는 생각에 자리에서 일어나서 다음에 또 보기로 하고 집으로 향했다.

집에 들어서자 공기가 무겁게 느껴졌다. 아내는 누워서 핸드폰을 보고 있었다. 평소 내가 일을 하고 퇴근하면 반기는 모습과는 다른 반응이었다. 나는 아내 곁으로 가서 물었다. "혜영, 배는 좀 어때?" 아내는 아무 말 없이 핸드폰만 보고 있었다. 그 순간 나는 뭔가 실수했음을 직감했다. 아무 말도 없는 아내의 배를 만지며 다시 물었다. "혜영, 배 아직 아파?

병원 갈까?" 아내는 내 말이 끝나기가 무섭게 소리쳤다. "몰라!" 깜짝 놀란 나는 잠시 멍하니 아내를 쳐다보았다. 그리고 아내는 서툰 한국말로 말을 이었다. "지금 시간 몇 시? 혜영, 배 많이 아파요! 하루 종일 혼자 있어요. 오빠 혜영 생각 안 해?" 아내의 말에 나는 아무 말도 할 수 없었다.

나는 평소에 술을 거의 안 마신다. 20대 후반부터는 지인을 만나도 카페에서 이야기를 나누거나 식사를 하는 게 전부였다. 영업할 때 자주 갔던 당구장도 이제는 거의 안 간다. TV나 인터넷에서 남편들이 술 약속이나 낚시 약속 등으로 아내와 갈등을 겪는 것을 보았지만 이런 모습은 나에게는 크게 와닿지 않았다. 주변에서 나의 생활 패턴을 본다면 정말 재미없게 사는구나 싶을 정도로 내 생활은 단조로웠다. 그래서 형님과 만나 수다 떠는 것을 안일하게 생각했다. 이 정도 내 시간 갖는 건 괜찮겠지 여긴 것이다.

주변의 유부남들이 흔히 하는 말이 있다. 바로 "너는 장가가지 말고 혼자 살아라." 나도 이 말을 여러 번 들은 기억이 난다. 이 말에는 여러 가지 이유가 담겨 있다고 생각한다. 그중에는 총각 시절 때 했던 것을 마음대로 하지 못한다는 뜻도 포함되어 있을 것이다. 나는 워낙 총각 때 심심하게 살았던 사람이다. 그래서 이 부분에 대해서는 누구보다 자신 있다고 생각했다. 그런데 나의 생각과 실제 부부 생활은 달랐다. 내가 생각했던 것보다 더 많은 부분을 감내해야 했다.

이 사건 이후로 나는 형님을 만날 때마다 시계를 여러 번 보게 되었다. 1시간이 넘어서면 아내에게서 연락이 오기 시작했다. 그때부터 나는 점점 불안해지기 시작한다. 상황이 이렇다 보니 형님과 만나는 횟수가 점점 줄어들었다. 그리고 주말이 되면 온전히 아내와 같이 시간을 보내게 되었다.

내가 유일하게 챙겨 보는 스포츠가 있다. 그건 바로 유럽축구다. 축구를 아주 좋아하지는 않지만 그가 있기에 챙겨 보는 편이다. 바로 월드클래스 손흥민 선수 말이다. 군대 있을 때는 박지성 선수 때문에 새벽에 중계를 챙겨 봤다. 한동안 유럽에서 맹활약하는 한국 선수가 뜸했는데 손흥민 선수의 등장으로 유럽축구를 다시 챙겨 보기 시작했다.

어느 날 출근하며 라디오를 듣고 있는데 반가운 소식이 들려왔다. 당일 새벽에 있었던 경기에서 손흥민 선수가 2골이나 넣었다는 소식이었다. 나는 너무도 기분이 좋았다. 빨리 회사에 가서 골 장면을 보고 싶다는 생각뿐이었다. 회사에 도착하자마자 휴게실에 들려 영상을 찾아보았다. 아직 업무시간 전이었다.

영상 속 손흥민 선수의 골 장면은 너무도 멋졌다. 내가 넣은 것처럼 기분이 좋았다. 나는 하루 종일 틈날 때마다 그 영상을 돌려보았다. 영상을 보면서 라이브로 봤으면 정말 좋았을 텐데 하는 생각이 들었다. 핸드폰으로 보는 골 장면은 감동이 온전히 와닿지 않았다. 그래서 퇴근하면 TV로 녹화중계를 봐야겠다고 생각했다.

퇴근 후 집에 도착하니 6시가 조금 넘은 시간이었다. 아내는 나를 반겨주었다. 그리고 수고했다는 말도 해주었다. 일하고 돌아왔을 때 이 말을 듣게 되니 결혼하면 이런 게 좋다는 생각이 들었다. 나는 아내의 반가운 마중을 뒤로하고 샤워를 하러 들어갔다. 아내는 저녁을 준비했다. 씻고 나와 아내와 함께 저녁을 먹었다. 물론 아내가 직접 한 음식은 아니었지만 혼자 살 때 먹던 밥맛과는 느낌이 달랐다. 반찬이 화려하지 않아도 둘이서 먹는 밥 그 자체로 그냥 좋았다. 다들 이래서 결혼하나 하는 생각이 들었다.

식사를 마치고 나는 TV 앞에 앉았다. 편안하게 등베개를 베고 축구 경기를 시청했다. 얼마쯤 지났을까. 아내가 나에게 무언가를 자꾸 물었다. 나는 축구 경기에 집중하느라 무슨 말인지 제대로 이해하지 못했다. 그냥 듣는 둥 마는 둥 했다. 아내는 핸드폰을 보여주며 계속 나에게 질문했다. 나는 슬쩍 핸드폰을 보았다. 핸드폰에는 화장품 사진이 있었다. 아내는 화장품을 사려면 어떻게 해야 하는지 물었던 것이었다. 나는 축구 경기 봐야 하니까 나중에 하자고 했다. 그러자 아내는 갑자기 TV 앞에 앉아 화면을 가려버렸다. 몇 분 후면 골이 들어가는 장면이 이어질 참이었다.

나는 중요한 장면을 놓치고 싶지 않았다. 그래서 아내에게 알았으니 일단 나오라고 했다. 하지만 요지부동이었다. 슬슬 뚜껑이 열리기 시작했다. 1분 남짓 남았을까, 더 이상 말로 해선 안 되겠다 싶었다. 나는 무력으로 아내를 밀쳤다. 그리고 골 장면을 보고 대리만족을 느끼며 안도의 한숨을 쉬었다. 그러나 잠시 후 후폭풍이 밀려왔다. 아내는 자신의 말에 귀 기울이지 않고 무력을 행사하는 나의 태도에 분노하고 있었다. 그리고 그 분노는 리모컨으로 전해졌다. 바닥에는 리모컨에서 빠져나온 건전지가 굴러다니고 있었다. 적막이 흐르고 나서 아내는 이불을 뒤집어썼다. 이날 나는 편안히 잠들 수 없었다.

결혼뿐 아니라 인생에서 처음 접하는 모든 것은 서툴기 마련이다. 누구나 혼자 살았을 때의 생활 패턴이 있다. 그러나 결혼을 하게 되면 그 패턴은 하나둘 깨지기 시작한다. 자신의 패턴에 누군가 개입하면 우리는 그것에 저항하게 된다. 그 패턴이 자신에게 가장 편하고 알맞은 상태이기 때문에 쉽게 바꾸려 하지 않는다. 그러나 과연 이러한 저항이 나쁜다고만 할 수 있을까? 쇳덩이로 만들어진 비행기와 유조선을 생각해보자. 공기와 물의 저항이 없다면 이것들은 그저 쇳덩이에 지나지 않을 것이다. 결혼해서 처음 겪는 갈등은 공기와 물의 저항과도 같다. 그것을 잘 다스렸을 때 우리의 결혼은 더 멀리 날고 더 멀리 갈 수 있기 때문이다.

4

모두가 행복하기 위해서 결혼한다

2019년 7월이었던 것으로 기억한다. 나는 아내와 저녁을 먹고 나서 한가롭게 TV를 시청하고 있었다. 그런데 갑자기 아내가 나를 부르기 시작했다. 아내는 나에게 핸드폰을 건네며 영상을 보라고 했다. 나는 무슨 영상이길래 이렇게 호들갑을 떠는지 궁금했다. 그리고 핸드폰을 건네받아 영상을 보기 시작했다. 영상 속 장면은 충격 그 자체였다! 남편으로 보이는 한 남성은 아내를 무차별하게 폭행하고 있었다. 아내는 아무런 저항도 하지 못한 채 맞고만 있었다. 내가 안타깝게 느낀 장면은 또 있었다. 바로 남편과 아내 사이에서 아빠를 말리려는 듯한 동작을 하는 아이였다. 이제 막 걸음마를 뗀 지 얼마 안 되어 보이는 어린아이였다. 이 영상은 SNS를 통해 빠르게 확산되었고, 뉴스를 통해서도 보도가 되었다.

사람들의 이목이 쏠리자 결혼이주여성의 인권 문제에 대한 관심이 높아졌다. 그리고 국제결혼을 하려는 남성의 자격과 기준을 높여야 한다는 주장도 나오기 시작했다. 나는 이 사건을 보며 안타까움과 함께 한 가지 생각이 떠올랐다. 저 남성과 아내도 분명 행복하려고 결혼했을 거란 사실을 말이다.

행복하지 않기 위해 국제결혼을 하는 사람이 과연 있을까? 사람은 기본적으로 행복을 추구한다. 그리고 국제결혼을 한 사람은 어떤 면에서는 행복을 더 갈구한다고도 생각한다. 바로 내가 그랬기 때문이다. 나는 가정적으로는 부모님의 사랑을 많이 받으며 살아왔다. 하지만 남녀 관계에서는 행복보단 불행의 연속이었다. 그래서 어쩌면 국제결혼을 통해 행복을 더 갈구하게 되었는지도 모른다.

행복한 부부를 생각하면 가장 먼저 누가 떠오르는가? 연예인으로 보자면 나는 최수종 하희라 부부가 먼저 떠오른다. 최수종 하희라 부부는 〈2019세계 부부의 날〉 기념행사에서 올해의 부부 대상을 수상할 정도로 대표 잉꼬부부다. 최수종의 아내를 향한 지고지순한 사랑과 지칠 줄 모르는 이벤트 열정은 대한민국 최고라 할 수 있을 정도다. 그렇다면 우리가 이벤트 장인이라도 되어야 할까? 다행히도 그럴 필요는 없다. 반가운 소식은 이러한 이벤트를 싫어하는 아내들도 있다는 것이다. 그리고 행복한 결혼 생활을 위해 이벤트가 꼭 필요한 요소인 것도 아니다.

얼마 전 최수종 하희라 부부가 TV에 나오는 모습을 봤다. 내용은 결혼 25주년 기념으로 라오스 여행을 가게 된 것이었다. 아내의 나라이기도 해서 더욱 반갑게 느껴졌다. 어머니는 내가 이 방송을 놓칠까 봐 직접 전화까지 주셨다. 말씀은 안 하셔도 어머니도 반가우셨구나 하는 생각이 들었다. 방송에 비친 최수종 하희라 부부는 여전히 잉꼬부부의 모습이었다. 방송에서는 전 세계에서 온 여행객들과 함께하는 쿠킹 클래스가 진행되고 있었다. 요리를 하기에 앞서 서로를 소개하는 장면을 보았다. 나는 최수종의 수준급 영어 실력을 보며 '대체 이 남자 부족한 게 뭐지?' 하는 생각이 들었다.

쿠킹 클래스를 함께하는 한 여행객이 최수종에게 결혼 생활의 비결을 물었다. 최수종은 "제 아내를 딸처럼 여겨요."라고 말했다. 하희라 역시 "남편을 아들처럼 대한다."라고 답했다.

나는 최수종의 이 말을 듣고 무릎을 탁! 쳤다. 그동안 나도 알게 모르게 아내를 딸처럼 대하려고 생각했기 때문이다. 내가 처음부터 아내를 딸처럼 대하겠다고 생각한 것은 아니었다. 결혼을 하고 같이 생활하다 보니 아내와의 마찰이 잦았다. 마찰이라고 해봐야 정말 사소한 것이 대부분인데 그러다 보니 아내의 유치한 행동이 어린아이와 같다는 생각이 들었다. 그 모습을 보고 나는 다짐했다. 이 모습을 바꾸지 못할 거라면 그냥 받아들이자고. 그리고 아내를 딸로 생각하면 그 모습은 훨씬 자연스럽게 납득이 갈 거라고 말이다.

행복한 부부 생활을 하려면 어떤 노력을 기울여야 할까? 우선 자신을 알고 완성해가는 노력이 중요하다고 생각한다. 나는 성격이 급하고 욱하는 편이었다. 간단히 예를 들면 이런 식이다. 출근하는 데 평소에는 차가 안 막히는 구간에서 차가 막힌다. 그러면 혼자 주저리주저리 욕을 한다. 깜빡이를 안 넣고 차가 들어와도 욕을 한다. 신호가 파란색인데 앞차가 천천히 가면 뒤꽁무니에 대고 욕을 한다. 나의 분노는 거의 차 안에서 그렇게 표출되었다.

지금은 많이 좋아졌지만 아주 없어지지는 않았다. 아내가 설거지를 하다가 우당탕 소리를 내면 나는 또 버럭 화를 낸다. 밥 먹다가 젓가락을 떨어트려도 화를 냈다. 아내는 나의 이런 모습에 스트레스를 받았고 감정적으로 상처를 받았다. 때론 이러한 것들이 발단이 되어 싸우기도 했다. 나는 이런 행동이 안 좋다는 사실을 알면서도 고치지 않았다. 좀 더 극단적으로 말하자면 나는 원래 이런 사람이니까 네가 이해해라는 식이었다.

국제결혼을 하기 전 나는 버럭 화내는 것들이 그냥 나의 성격인줄로만 알았다. 하지만 성격은 타고난 것도 있지만 환경의 영향을 많이 받는다. 사람의 됨됨이나 성격을 보려면 그 부모만 봐도 알 수 있다는 말이 있다. 아이가 태어나 성장하며 가장 많은 것을 접하는 곳이 바로 가정이기 때문이다. 부모가 어떤 말을 하고 어떤 생각을 하는지에 따라 아이의 가치관과 성격은 달라진다. 아이는 부모의 모든 것을 스펀지처럼 빨아들인다. 부모의 감정 또한 예외는 아니다.

양현진 작가의 『아빠가 쓰는 육아일기』를 보면 아이는 부모의 감정까지 모방한다는 내용이 나온다. 부모로부터 부정적인 감정이 반복 학습되면 어른이 된 후에도 비슷한 자극에 부정적으로 반응하게 된다는 것이다.

어렸을 때 아버지는 어머니가 설거지를 하다가 그릇을 떨어트리시면 예민하게 반응하셨다. 그 소리는 시끄럽기는 해도 화낼 정도는 아니었다. 나는 아버지의 이런 모습을 보며 조금은 이해가 되지 않았다. 그런데 아버지의 이해할 수 없는 행동을 어느 순간 나도 하고 있었다는 사실에 놀랐다. 그때 나는 이것이 나의 성격으로부터 온 것이 아니라는 사실을 알 수 있었다. 나는 아버지의 모습을 무의식적으로 모방해왔던 것이다.

베트남 아내를 폭행한 남편도 분명 이러한 영향을 받았을 확률이 높다. 그도 아버지를 보고 느낀 감정을 그대로 모방했을 거란 말이다. 하지만 폭행은 돌아올 수 없는 강을 건너는 것과 마찬가지다. 한 번이 어렵지 일단 시작하면 죄의식이 점점 옅어져간다. 그리고 이러한 폭행은 외적인 상처뿐 아니라 마음의 상처도 동반한다. 아내는 마음 깊숙이 상처를 받았을 것이고 그 상처는 세월이 흘러도 쉽게 사라지지 않는다.

사람은 누구나 마음속에 선과 악이 존재한다. 그렇게 선해 보이는 사람도 어떤 상황에서는 악마로 돌변한다. 행복한 결혼을 위해서는 무엇보다 자신의 마음을 다스릴 줄 알아야 한다. 물론 쉽지 않다. 하지만 행복한 결혼 생활로부터 오는 기쁨을 알고 있다면 이런 노력은 충분히 가치가 있다. 나는 아내가 핸드폰 보다가 빵 터져서 웃는 모습만 봐도 너무 행복하다. 그러다 나의 실수로 인해 아내가 울거나 속상한 얼굴을 하면 가슴이 아려온다. 아내의 웃음과 미소가 나에게 얼마나 큰 가치가 있는지 알기에, 오늘도 나는 더욱 노력한다.

5

부부생활, 생각보다 만만치 않다

나는 한 달에 한 번씩 미용실에 간다. 머리를 잘라주시는 누나와는 꽤 오랫동안 알고 지냈다. 카드 영업을 할 때 알게 됐는데 그때 내 머리가 좀 길었다. 나는 어찌어찌하다가 누나에게 머리를 잘랐다. 누나는 두피 상태도 봐주시고 손상된 모발도 신경 써주었다. 그동안 여러 헤어 디자이너에게 머리를 잘랐지만 만족도는 누나에게 받을 때 가장 좋았다. 그 뒤로 나는 단골이 되었다. 지금까지 누나가 숍을 옮긴 게 4~5번은 된 것 같다. 그때마다 나는 이리저리 찾아가며 머리를 잘랐다. 다행히도 누나는 몇 해 전부터는 완전히 안착해 이제 한군데로만 가게 되어 수고로움이 줄어들었다.

나는 미용실에 가면 머리만 자르고 오지 않는다. 3년 전부터 누나의 권유로 천연 염색을 하기 때문이다. 그전에는 염색약으로 새치를 염색했다. 이 사실을 알게 된 누나는 두피에 좋지 않으니 천연 염색을 해보라고 나에게 말했다. 적극적인 누나의 권유에 천연 염색을 했는데 효과도 좋고 지금도 상당히 만족하고 있다. 다만 집에 올 때 두건을 쓴 상태로 온다는 점만 빼고 말이다. 처음에 이걸 썼을 땐 고개도 못 들고 집으로 온 것 같다.

아내가 한국에 들어온 지 얼마 안 되었을 때 미용실에 갔다. 아내한테 라오스 단어로 짧게 설명했더니 바로 이해했다. 나는 아내에게 손을 흔들고 나서 미용실로 향했다. 미리 예약했지만 주말이라 손님이 좀 많았다. 한 20분쯤 지났을까 내 차례가 되었다. 단골이 좋은 건 따로 스타일을 말하지 않아도 알아서 잘라준다는 점이다. 나는 누나와 이런저런 이야기를 나누며 머리를 잘랐다. 머리를 자르고 나면 천연 염색을 한다. 보통 머리를 자르고 염색까지 하고 나면 넉넉잡아 두 시간 정도 걸렸다.

염색에 들어가자 핸드폰에 카톡이 왔다. 아내에게서 온 카톡이었다. "아직 머리 잘라요? 혜영 배고파요. 빨리 오세요." 나는 알겠다고 답하고는 핸드폰을 다시 주머니에 넣었다. 염색이 거의 다 끝나갈 무렵 주머니에서 진동이 느껴졌다. 아마도 아내가 빨리 오라고 보낸 카톡일 거란 생각이 들었다. 그 예상은 적중했다.

이때까지만 해도 아내는 배고프면 예민해진다는 사실을 몰랐을 때였다. 나는 그저 두건을 쓴 나를 보고 아내가 어떤 반응을 보일지 궁금했다. 기대를 품고 집에 도착해서 아내에게 내 모습을 보여주었다. 그러나 기대와는 달리 아내는 별다른 반응이 없었다. 다만 팔짱을 낀 채 언짢은 표정을 짓고 있을 뿐이었다. 잠시 뒤 아내는 나에게 화난 말투로 쏘아대기 시작했다. "지금 몇 시? 혜영 배 많이많이 고파. 머리 2시간? 왜, 오래오래 잘라요?" 아내는 점심시간이 넘어가기 시작하자 배가 고팠다. 남편이 머리 자르러 간 지 2시간이 넘도록 오지 않자 짜증이 났고 화를 내던 아내는 내가 생각하지 못 한 말을 했다. "혜영 알아요! 오빠 미용실 누나랑, 응?" 이 말을 듣고 내 두 귀를 의심했다. 지금 아내는 내가 바람이라도 피우고 왔다고 생각한 거란 말인가? 기가 차고 환장할 노릇이었다.

나는 아내에게 머리 자르고 염색하는 과정을 설명했다. 이러저러해서 2시간이 걸린 거라고 말해주었다. 하지만 아내는 "아니, 혜영 생각 맞아!"라며 반박했다. 나는 난생 처음 바람피운 남편으로 낙인찍히는 게 어떤 기분인지 알게 되었다. 더 이상 어떻게 오해를 풀어야 할지 생각나지 않았다. 그렇게 멍하니 있다 화제를 돌리기로 했다. 일단 황당한 상황을 뒤로 하고 우리는 점심을 먹으러 나갔다. 점심을 먹고 기분이 조금 좋아진 아내는 방금 자기가 한 말을 잊은 듯한 표정이었다.

나의 머릿속엔 온통 아내가 한 말뿐이었다. 어떻게 나를 의심할 수 있지? 내가 그렇게 못 미더운 행동을 했나? 한국에 온 지 얼마 안 되었을 땐 정말 애정 표현도 많이 하고 신경을 많이 썼었다. 그래서 아내의 말이 나에게 더욱 서운하게 다가왔다. 그리고 억울하기도 했다. 차라리 바람이라도 피우고 이런 말을 들으면 억울하지는 않겠다는 생각도 들었다. 그런 말을 내뱉고도 아무렇지 않은 듯 밥을 먹는 아내가 얄밉게 보였다. 하지만 한편으로는 '진심이 아니니까 저렇게 태평하게 밥을 먹겠지'란 생각도 들었다.

그날 저녁 나는 왜 아내가 이런 말을 했는지 알 수 있었다. 아내에게는 결혼 직전까지 남자친구가 있었다. 그런데 그 남자친구는 여자친구가 있는데도 다른 여자를 만났다고 한다. 아내는 바람피운 남자친구 때문에 많이 울었다고 나에게 말해주었다. 남자친구 때문에 많이 속상했다는 말도 함께 말이다. 라오스는 성비 구조를 봤을 때 남자보다 여자가 더 많다. 그래서일까. 라오스남자들은 여자친구가 있어도 다른 여자를 만나는 경우가 많다고 한다. 이런 사실을 뒤늦게 알게 된 나는 아내의 말이 진심이 아니었음을 알 수 있었다. 과거의 상처 때문에 아내는 불안했던 것이다. 그리고 또 상처를 받게 될 거 같은 두려움에 화부터 내게 되었다.

이 말을 듣고 나서 나는 아내를 꼭 안아주었다. 그리고 아내가 남자친구로부터 받았던 상처를 치유해주고 싶다는 생각이 들었다. 사람에게서 받은 상처는 사람에게서 치유받아야 한다는 말을 들은 기억이 난다. 나의 사랑이 아내의 상처를 치유하는 데 아주 중요한 치료제가 될 거라고 생각하게 되었다. 하지만 요즘도 아내는 기분이 안 좋거나 나와 싸우면 미용실 누나를 들먹인다. 사랑을 유지하고 품는 것이 결코 쉽지 않음을 뼈저리게 느끼는 시점이다.

나는 조용한 걸 좋아한다. 집에 있을 때도 TV를 보면 볼륨을 크게 틀지 않는다. 차 안에서도 라디오나 음악을 들을 때 조용하게 듣는다. 나는 조용한 환경에 있을 때 안정감을 느끼는 사람이다. 그런데 나의 아내는 그렇지가 않다. 핸드폰으로 영상을 볼 때면 항상 볼륨을 크게 틀어놓고 듣는다.

한번은 한가하게 책을 읽고 있을 때였다. 책 내용에 빠져들 때쯤 요상한 장단의 음악과 외국말이 들리기 시작했다. 아내는 핸드폰으로 태국 드라마를 보고 있었던 것이다. 참고로 라오스어와 태국어는 서로 의사소통이 가능할 정도로 언어가 비슷하다. 그런데 태국 드라마의 특징은 싸우거나 소리 지르는 장면이 반 이상이라는 것이다. 거기에 태국어 특유의 센 억양이 더 한몫한다. 데시벨 측정을 안 해봤지만 거의 꽹과리 수준이다. 뚫린 귀라 안 들을 수도 없고 한참을 참다가 너무 시끄러워 한마디 한다. "아 진짜!! 혜영 소리 좀 줄여!!" 그러면 아내는 바로 소리를 줄였다. 그렇게 상황이 안정되었다고 생각하고 나는 다시 책을 읽기 시작한다.

얼마쯤 지났을까. 분명 소리를 줄였는데 어느 순간부터 더 크게 들리기 시작했다. 나는 또다시 소리쳤다. "혜영!" 이런 상황은 계속 반복되었다. 그래서 나는 아내에게 이어폰을 꽂고 듣기를 권했다. 처음에는 이 방법이 꽤나 유용했지만 그리 오래가지 않았다. 결국 나는 아내가 드라마를 볼 때 그냥 놔두기로 결정했다. 정말 시끄러울 때만 주의를 주었다.

얼마 전부터 아내는 일을 시작했다. 집에 있을 때는 할 게 없어 드라마만 봤는데 일을 시작하게 되니 내가 잔소리하는 일도 크게 줄었다. 그리고 피곤한 모습으로 돌아온 아내를 보고 있으면 안쓰럽게 느껴지기도 한다. 아내는 여전히 드라마 볼 때 소리를 크게 해서 듣는다. 하지만 하루 종일 일하다 들어온 아내에게 나는 잔소리할 수 없었다. 정 시끄러우면 좋은 말로 소리를 줄여달라고 부탁했다. 이 말을 보면 아내가 '거짓말'이라고 할지도 모르겠다. 하지만 난 가능하면 좋게 말했다. 하루 종일 듣는 것도 아닌데 그 정도도 못 듣는다면 내가 너무 이기적인 남편이 아니겠는가.

세상에 만만한 게 있을까? 겉으로 보기에 만만해 보였던 것이 경험해 보면 그렇지 않다는 사실을 알 수 있다. 결혼 생활도 결코 만만한 과정은 아니다. 때론 오해를 사서 서로 감정이 상할 수도 있다. 그리고 사소한 것 하나에 발끈해 돌아오지 못할 사태가 생길 수도 있다.

특히 국제결혼은 언어와 문화의 차이에서 오해가 발생할 수 있다. 내가 보기에 이상한 것들이 아내에겐 당연할 수 있는 것이다. 그리고 나에겐 당연한 것이 아내가 볼 때 이상하게 보일 수도 있다. 이러한 차이를 인정하고 서로를 좀 더 알아가면서 노력해보자.

6

내가
외국인 아내를
선택한 이유

나는 라오스가 어디에 있는 나라인지도 몰랐다. 사진을 보낸 형님이 라오스 사람이라고 말했을 때 "거기 아프리카 아니예요?"라고 말했을 정도였다. 그 정도로 난 베트남 빼고 다른 동남아 나라는 아는 곳이 없었다. 그런데 공교롭게도 라오스는 베트남 바로 옆에 있는 나라였다. 지금 이 글을 쓰며 떠오르는 사람은 우리 부모님이다. 어딘지도 모르는 나라의 여성과 결혼하겠다는 아들이 처음에 얼마나 황당하셨을까. 그런 걸 보면 참 나란 놈은 어디로 튈지 모르는 아들인 것 같다.

앞서 언급했듯이 나는 사진 한 장 때문에 국제결혼을 하게 되었다. 사실 나는 동남아 여성에 대한 편견이 있었다. TV나 영화를 보면 동남아 여성들은 대체로 까무잡잡한 피부를 하고 있는데, 이런 영향 때문에 나는 처음부터 국제결혼을 생각하지 않게 되었다. 그러나 나의 편견은 그 사진 한 장으로 완전히 뒤바뀌었다. 한국의 여성과 크게 다르지 않은 모습이 친근하고 익숙하게 다가왔다.

나는 왜 한국 여성이 아닌 외국인 여성을 선택했을까? 나의 연애사를 돌아봤을 때 그 이유를 쉽게 찾을 수 있었다. 20대 후반 무렵 나는 친구와 대화하다가 인터넷 카페를 하나 알게 되었다. 친구는 여자친구를 쉽게 사귈 수 있는 법을 알려주는 곳이라고 설명했다. 그때까지도 나는 연애에 어려움을 겪고 있었다. 소개팅은 실패의 연속이고 자신감은 점점 낮아졌다. 그러다 보니 다른 소개팅을 나가도 소극적인 자세가 되어버렸다.

새로운 돌파구가 필요했던 나에게 친구의 정보는 희망과도 같았다. 나는 집으로 돌아가 친구가 말한 카페에 가입했다. 가입을 하고 등업이 되자 게시글을 볼 수 있었다. 나는 게시글을 보며 "이게 가능한 일이야?" 하고 혼잣말을 했다.

예전에 〈리얼중계 시티헌터〉라는 프로그램이 있었다. 진행은 윤정수와 천명훈이 맡았는데 프로그램의 내용은 대략 이렇다. 일반인 남성은 길거리로 나가 자신의 작업 노하우로 여성에게 다가가 번호를 받는다. 일명 헌팅이다. 어떤 남성은 쭈뼛쭈뼛하다가 여성에게 거절당하기도 한다. 그리고 어떤 남성은 멋지게 다가가 성공하기도 한다. 진행자 윤정수와 천명훈은 이 상황을 마치 스포츠 중계하듯 시청자에게 전달한다. 이 프로는 젊은 남성들에게 꽤나 인기가 있었다. 물론 나도 재미있게 봤던 프로그램이다.

내가 가입한 카페는 바로 헌팅하는 방법을 알려주는 카페였다. 사실 대학생 때 버스정류장에서 너무 마음에 드는 이성에게 다가간 적이 있는데 그때는 너무도 떨려서 말도 제대로 못 했었다. 심지어 여성은 나를 고등학생으로 봤다. 어떻게 번호를 받긴 했지만 딱 거기까지였다. 나에게 이 카페는 마치 신세계처럼 다가왔다. 그동안 내가 겪었던 어려움을 이 카페를 통해 풀 수 있을 거란 생각이 들었다.

카페에서 활동을 하며 여러 사람과 서로의 노하우를 공유했다. 그리고 같이 길거리로 나가 헌팅도 시도했다. 처음엔 무척 떨렸다. 하지만 함께 하는 동지가 있다는 생각에 두려움은 금세 사라졌다. 나는 헌팅을 통해 그동안 낮아졌던 자신감을 회복할 수 있었다. 여성은 나의 생각보다 나를 괜찮은 남자로 봐주었다. 물론 실패도 있었다. 하지만 나는 과거에 비해 더 많은 여성과 교제를 했다.

내가 헌팅을 배울 때는 전국적으로 헌팅 열풍이 불고 있었다. 그때만 해도 시내나 대학가 어디서든 헌팅하는 남자들을 쉽게 볼 수 있었다. 하지만 헌팅을 하면 할수록 어느 순간부터 마음이 공허해지기 시작했다. 헌팅은 진지한 만남으로 이어지기보다 일회성 만남으로 끝나는 경우가 더 많았기 때문이다. 마치 나이트나 클럽에서 부킹으로 만난 사이처럼 말이다. 그리고 헌팅을 바라보는 여성들의 시선도 점점 차가워졌다. 처음에는 헌팅하는 남자를 용기 있고 괜찮은 남자로 봐주었지만 얼마 못 가 헌팅하는 남자를 난봉꾼처럼 봤다. 나는 헌팅으로 만나게 된 여성들이 점점 늘어나자 변질되기 시작했다. 자신감은 어느 순간 자만으로 바뀌고 있었다. 내가 다가가면 세상 모든 여자를 다 만날 수 있을 거라 생각했다. 그런 자만감은 현재 만나는 여성에게 집중하지 못하게 했다. 조금만 마음에 안 들면 또 다른 여성을 찾아 나섰다. 그런 과정은 갈증을 해소하려 바닷물을 마시는 것과도 같았다.

어느 순간부터는 헌팅을 시도해도 거절만 당했다. 나의 자신감은 다시 바닥으로 내려갔고 이 방법이 옳지 않다는 생각을 했다. 예전처럼 겉모습만 보고 여성에게 다가가고 있었기 때문이다. 진심 없이 다가서는 나 자신이 부끄럽게 느껴지기 시작했다.

헌팅을 통해 알게 된 것은 완벽한 여성은 없다는 점이었다. 몸매가 좋은 여성은 성격이 거칠었다. 성격이 착하면 얼굴이나 몸매가 별로였다. 나는 지금 어떤 특징적인 것을 일반화하는 것이 아니다. 가지고 있는 장단점이 저마다 다르다는 것을 전달하고 싶은 것이다. 혹시라도 이 글을 보는 여성들이 오해하지 않기를 바란다. 사실 지금 당장은 예쁘고 보기 좋은 것에 이끌리게 된다. 나도 헌팅하며 내 기준에 예쁘고 괜찮은 여성에게만 다가갔다. 하지만 분명한 건 그 이면에는 내가 감당해야 할 것이 반드시 존재한다.

나는 이면의 단점들을 극복하려 하지 않았다. 그리고 더 중요한 것은 만나는 상대에 대한 진정성이 부족했다. 기본적으로 상대를 알아가고자 하는 마음이 없었다. 이런 태도는 다른 상대를 만나도 달라지지 않았다. 당시 나를 만났던 여성들이 나를 어떻게 생각했을까 하는 생각이 든다. 대부분은 좋지 않게 생각할 것 같다. 하지만 그때의 경험은 앞으로 여성을 만날 때 어떤 마음으로 다가가야 하는지 깨닫게 해주었다.

헌팅을 접고 꽤 오랫동안 자숙 아닌 자숙의 시간을 가졌다. 이때 나는 카드 영업을 하고 있었다. 카드회사에서 알게 된 형님은 나에게 소개팅을 여러 차례 해주었다. 이제는 당신도 잘 알 것이다. 소개팅의 결과를, 소개팅은 정말 나와 맞지 않았다.

소개팅의 상처를 치유라도 받고 싶어서였을까. 거칠어진 피부가 눈에 띄었다. 언제 어디서 인연이 나타날지도 모른다는 생각이 들어서 피부 관리라도 받아보자 생각했다. 그래서 난생처음 피부 관리를 받으러 숍을 방문했다. 따뜻한 분위기와 감미로운 향들이 벌써부터 치유받는다는 느낌이 들었다. 안내를 받고 관리실로 들어가 가운으로 갈아입고 나서 침대에 누웠다. 5분 정도 지나자 직원분이 들어왔다. 짧은 단발머리에 귀여운 얼굴이었다. 직원은 나의 피부를 보며 남자치고는 좋은 편이라고 말해주었다. 괜히 기분이 좋아져 나도 그 직원의 피부가 물광피부 같다며 칭찬을 해주었다.

피부 관리를 받는 동안 직원과 이런저런 이야기를 나누었다. 마치 여러 번 만나서 이야기를 나눈 듯 편하고 즐거웠다. 기분 좋게 관리를 받고 나니 피부에서 광이 나는 듯했다. 그리고 다 마치고나서는 약간 아쉬웠다. 직원분과 더 많은 이야기를 나누고 싶어졌다. 그래서 고민 끝에 피부 관리 정기권을 끊기로 했다. 이렇게 나는 일주일에 한 번씩 그녀와 만날 수 있는 기회를 갖게 된 것이다.

일주일에 한 번씩 피부숍을 가는 길은 설레고도 즐거웠다. 하지만 세상일이 원하는 대로 흘러만 가지는 않았다. 숍의 여직원은 6명 남짓이었는데 어느 날은 다른 직원이 와서 관리를 해주었다. 한껏 들뜬 기분이 가라앉았다. 물론 이 직원과도 대화를 나누었지만 손님과 직원이 나누는 형식적인 느낌이 강했다. 지난번 나를 관리해주었던 그녀는 다른 손님을 맡고 있었다. 이날은 아쉬움을 뒤로하고 집으로 돌아왔다. 정기권은 3개월짜리로 그동안 다른 직원이 관리해주는 경우도 있었다. 하지만 그녀가 관리해주는 경우가 더 많았다. 그때마다 우리는 즐거운 대화를 나누었고, 그녀가 남자친구가 없다는 사실도 알게 되었다. 나는 희망에 가득 차 있었다. 손님이니까 친절하게 대하는 거겠다는 생각은 들지 않았다. 나에게 분명 호감이 있을 거라 생각했다.

정기권이 거의 다 끝날 무렵 나는 그녀에게 대시하기로 마음먹었다. 헌팅할 때의 진정성 없는 대시가 아니었다. 그녀를 더 알고 싶었다. 하지만 문제는 숍의 구조였다. 칸막이는 되어 있지만 옆 사람의 말소리가 다 들렸다. 말로 대시하는 방법은 그녀에게 부담을 줄 것 같아 다른 방법을 찾기로 했다. 조금은 진부하지만 나는 종이에 내 마음을 적어 전달하기로 했다. 정확히 기억나지 않지만 대략 이렇게 적었던 것 같다. "대화를 나누며 호감을 갖게 되었어요. 같이 밥이라도 먹었으면 하는데 괜찮으면 여기에 연락처 남겨주세요." 지금 다시 보니 상당히 민망하다. 하지만 나는 진심을 담아 그녀에게 전했다.

이번에는 어땠을까? 소개팅의 실패를 딛고 당당히 성공했을까? 당신의 짐작대로 이번에도 실패했다. 그녀는 나에게 어떤 답도 주지 않았다. 차라리 '죄송해요'라고 한마디라도 해줬으면 도전했다는 것에 위로라도 삼았을 것인데 말이다.

이 정도면 신이 정말 나를 국제결혼 시키시려고 작정한 거 같다는 생각이 든다. 이 사건을 계기로 나는 진지하게 생각해보았다. 나의 나이, 외모, 연봉 수준을 고려했을 때 피부숍의 여성보다 괜찮은 상대를 만날 수 있을까? 귀엽긴 했지만 평범한 외모의 여성한테 거절당할 정도면 그 이상의 상대를 만난다는 게 어려울 거라 생각했다.

형님이 보내준 사진 한 장은 지금까지의 모든 것을 고려했을 때 도전해볼 만한 이유가 충분했다. 한국에서 이성 관계에 관해서는 충분히 실패해봤다. 나는 내 눈을 낮춰 한국 여성과 결혼하고 싶지 않았다. 외모가 평범하고 내 마음에 안 들어도 나를 잡아끄는 매력 있는 여성을 만난 것도 아니었다. 부모님은 아직도 내가 갑자기 국제결혼을 결정한 거라고 생각하신다. 하지만 이 글을 보면 조금은 이해해주실 거라 믿는다. 아들도 국제결혼을 선택할 만한 이유가 있었다는 것을 말이다.

7

한 번 보는 것과 같이 사는 것은 정반대

남녀 관계에서 첫 인상은 3초 안에 결정 난다. 하지만 남자와 여자는 첫인상에 대한 반응에서 약간 차이가 있다. 2012년 3월 9일자 온라인뉴스 〈이데일리〉에서 정태선 기자는 '미혼남녀 86.3%, 첫인상 호감도 만나는 순간 결정'이라는 기사에서 이렇게 말하고 있다.

결혼정보회사 닥스클럽이 지난 2월 27일부터 3월 8일까지 미혼남녀 608명(남 284명, 여 324명)을 대상으로 조사한 결과다. 9일 조사 결과에 따르면 남성의 91.5%와 여성의 81.8%가 만나자마자 호감 여부를 판단한다고 응답했고, 그 뒤로 30분 이내(6.7%), 1시간 이내(3.6%)라고 응답해 소수에 불과했다. 사실상 대부분의 미혼남녀가 만나자마자 호감 여부를 결정하는 것이다. 첫 인상이 비호감에서 호감으로 바뀐 경험이 있느냐는 질문에 대해 남성은 12.4%만이 그렇다고 대답했지만, 여성은 78.7%가 바뀐 경험이 있다고 응답해 대조를 이뤘다.

내가 지금까지 한 소개팅을 보더라도 기사의 내용과 크게 다르지 않은 것 같다. 첫인상에서 여성이 호감과 비호감으로 나누어지는 시간은 정말 짧은 순간에 결정되었다. 그리고 한번 결정된 첫인상은 쉽게 바뀌지 않았다.

몇 년 전 소개팅을 나갔을 때였다. 소개팅 여성과는 카페에서 보기로 약속한 상태였다. 나는 큰 기대를 하지 않고 카페에 들어섰다. 그런데 소개팅 여성으로 보이는 사람이 보이지 않았다. 연락을 해보니 2층에서 기다리고 있다는 답이 왔다. 나는 계단을 오르며 어떤 여성이 나왔을지 상상을 하게 되었다. 그리고 마침내 2층에 올라섰는데 주위를 둘러보니 소개팅 여성으로 보이는 사람이 한 명 있었다. 그녀는 나를 등지고 앉아 있었지만 뒷모습만 보고도 첫인상이 결정되었음을 알 수 있었다.

인사를 나누고 의자에 앉았다. 역시 나의 느낌은 틀리지 않았다. 남자는 여자의 실루엣만 봐도 미녀인지 아닌지 알 수 있다는 말이 떠올랐다.

소개팅 여성은 굉장히 적극적이었다. 거의 카페에서 2시간 동안 이야기를 나눈 것 같았다. 하지만 나는 영혼 없이 대화를 하고 있었다. 소개팅에서 실패만 맛보았던 내게 호감을 보이는 여성이 반갑기는 했지만 마음에도 없는 말을 하는 내 모습이 너무도 불편했다. 그 후로 몇 번의 만남을 가졌지만 나의 마음은 달라지지 않았고 우리의 관계도 그렇게 마무리되었다.

라오스에서 아내를 처음 봤을 때 나는 별다른 감정을 느끼지 못했었다. 그렇게 호감도 비호감도 아닌 상태였다. 하지만 시간이 지나면서 아내의 표정과 몸짓, 미소로 인해 마음이 바뀌고 있었다. 앞의 기사에서는 남자의 경우 비호감에서 호감으로 바뀌는 경우는 12.4%뿐이라고 했는데, 이도 저도 아닌 상태에서 그 적은 확률을 내가 경험하게 된 것이었다.

라오스에서 아내의 첫인상은 소녀 같은 느낌이었다. 맞선에서 나를 바라보는 눈빛은 정말 잊을 수가 없다. 마치 시골학교에 총각 선생님이 왔는데 선생님을 짝사랑하는 어린 소녀의 눈빛 같았다. 아내는 맞선을 하는 중에 손을 가만두지 못했다. 팔로 갔다 다리로 갔다 계속 움직였다. 이런 모습이 참 순수하게 보였다. 현지 직원의 도움으로 여러 가지 질문을 했다. 가족 관계는 어떻게 되는지, 한국에 가면 무얼 하고 싶은지 등을 물었다. 하지만 여러 질문 중 나의 마음을 휘어잡은 말이 따로 있었다. 맞선이 거의 끝나갈 무렵 아내는 나에게 말했다. 그리고 직원의 통역으로 그 내용을 전달받았다.

"저는 당신의 좋은 아내가 될 자신이 있어요."

어떻게 이 말을 할 생각을 했는지 놀라웠다. 다른 여성들은 수동적인 반면 아내는 자신의 감정을 솔직하게 말했다. 그 말은 내가 아내를 선택하는 데 확신을 심어주었다. 일정을 같이 보내며 본 아내는 우리나라의 20대 여성들과 크게 다르지 않았다. 핸드폰을 하루 종일 놓지 않고 사진 찍고 웃는 모습은 한국이나 라오스나 같았다. 하지만 밥 먹을 때나 화장실 갈 때는 약간의 내숭도 있어 보였다. 이 정도 내숭은 아직 서로 잘 모르니 당연한 거라 생각했다.

국제결혼을 하고 현지에서 머무는 동안 아내와 싸울 일은 거의 없다. 그렇기 때문에 나는 아내의 미소 뒤에 어떤 모습이 있는지 알 수 없었다. 라오스에서는 그저 한없이 예쁘고 미소가 밝은 어린 소녀로만 보였다.

주말이면 우리 부부는 시내를 나간다. 일주일에 한 번 쉬는 아내를 위해 데이트하러 가는 것이다. 평일 내내 일하는 아내에게 주말은 삶의 활력을 얻는 날이기도 하다. 그래서 나는 주말이 되면 되도록 아내에게 맞춰주기 위해 노력한다.

지난주에도 역시 우리는 시내를 나갔다. 점심시간이었기에 먼저 밥부터 먹었다. 이날의 메뉴는 떡볶이, 치즈닭갈비덮밥, 불고기덮밥이었다. 아내는 매운 걸 좋아해서 떡볶이를 잘 먹는다. 식사를 다하고 나서는 은행을 들렀다. 쇼핑하기 전 현금을 찾기 위해서였다. 아내가 번 돈을 찾으니 느낌이 색달랐다. 나는 아내가 번 돈으로 가방 하나를 샀다. 평소에 필요했던 가방이었는데 아내의 돈으로 사니 뭔가 뿌듯했다.

몇 주 전부터 아내는 인터넷에 있는 청바지 사진을 나에게 보여주었다. 인터넷으로 바지를 사달라는 것이었다. 하지만 인터넷은 입어볼 수가 없기 때문에 시내 가서 사자고 말했고 아내는 그렇게 갖고 싶던 바지를 산다는 생각에 들떠 있었다.

처음 방문한 곳은 청바지만 전문으로 파는 매장이였다. 아내는 여기저기 찾아보더니 원하는 청바지가 없다고 했다. 나는 핸드폰을 달라고 했다. 그리고 직원에게 청바지 사진을 보여주며 같은 스타일이 있는지 물어봤다. 직원은 이런 스타일은 없다고 했다. 아내는 조금 시무룩한 표정을 지었다. 나는 다른 매장으로 가보자고 했다. 하지만 다른 매장에도 역시 없었다. 그래서 우리는 다시 세 번째 매장으로 들어갔다. 이번에는 다행이도 비슷한 스타일의 청바지가 있었다. 그런데 아내는 나에게 이 바지 사이즈가 좀 작을 거 같다고 말했다. 나는 일단 입어보라고 했다. 그리고 혹시 모르니 다른 사이즈도 같이 입어보라고 했다.

탈의실에 들어간 아내는 한참이 지난 뒤에야 나왔다. 그런데 표정이 좋지 않았다. 2개 다 사이즈가 좀 작았던 것이다. 이때부터 나는 점점 지치지 시작했다. 아내는 지난번에 왔을 때는 원하는 바지가 있었는데 가게 위치가 기억 안 난다고 투덜댔다. 이미 거의 모든 매장은 다 둘러본 후였다. 그런데도 아내는 다른 매장을 가보자고 말했다. 원하는 것을 사주고 싶은 마음에 다시 다른 매장으로 향했다. 하지만 이미 다 둘러본 매장밖에 보이지 않았다. 나는 오늘은 못 살 거 같으니 그만 가자고 했다.

주차장으로 가면서 아내는 계속 투덜댔다. 나는 못 들은 척했다. 없는 청바지를 내가 만들어줄 수도 없는 노릇이었다. 그런데 내 뒤를 따라오던 아내가 보이지 않았다. 뒤를 보니 아내는 입구에서 입술을 한껏 내민 채 서 있었다. 빨리 오라고 했지만 그대로 서 있을 뿐이었다. 나는 안 되겠다 싶어 아내에게로 갔다. 그만 가자고 말했지만 아내는 꿈쩍하지 않았다. 그러다 아내는 내가 들고 있던 비닐봉투를 뺏으려고 했다. 대신 들어준다는 느낌이 아니라 뺏으려는 느낌이 강했다. 나는 마지못해 비닐봉투를 건네주었다. 아내는 보란 듯이 봉투를 멀리 던져버렸다. 봉투 안에는 가방과 지갑, 핸드폰이 들어 있었다. 다른 건 몰라도 핸드폰 액정이 깨진 상태였기 때문에 순간 열이 확 올라왔다. 나는 던진 봉투를 들고 핸드폰을 확인했다. 다행히 핸드폰은 더 이상 파손되지 않았지만 아내의 행동에 화가 잔뜩 났다. 내가 청바지를 사주기 싫어 안 산 것도 아니고 단지 사이즈가 없어서 못 산 것이었다. 그런데 아내는 이런 식으로 나에게 화풀이를 했다. 아내의 유치한 행동은 계속되었다. 차 키를 가지고 있었던 아내는 차문을 잠그고 열어주지 주었다. 나는 차 앞에서 해탈한 듯 멍하니 서 있었다.

이 일이 발단이 되어 우리 부부는 3박 4일의 전쟁을 치렀다. 아내는 울고 나는 소리를 질렀다. 이유 없이 짜증내는 아내의 행동을 더 이상 받아주기 힘들었다. 싸우다가 내가 집밖으로 나가거나 아내가 나가기도 했다. 이러한 이야기를 다 쓰자면 지면으로는 한없이 부족할 정도다. 4일이 지나서야 우리는 가까스로 기분을 풀었고 그제야 평화가 다시 찾아왔다.

지금 생각해보면 아내의 첫인상과 같이 사는 것은 180도 달랐다. 어찌 보면 이것은 당연한 결과다. 누가 소개팅이나 맞선에서 자신의 모습을 다 보여주겠는가. 평소의 모습은 감추고 어느 정도 연기를 한다. 그러다 상대와 연인이나 부부로 관계가 발전되면 숨겨왔던 모습을 하나씩 보여주기 시작한다. 내가 지금까지 사귀었던 여자친구들 중 나에게 이런 행동을 한 여자는 없었다. 그리고 만약 이런 행동을 했다면 그냥 헤어졌을 것이다. 하지만 부부의 인연을 맺은 내가 마음에 안 드는 행동을 했다고 인연을 끊을 수는 없지 않은가. 부부는 참고 인내하며 나를 만들어가는 과정이라 생각한다. 어찌 보면 아내는 나의 선생님이기도 하다. 아내가 너무 완벽하다면 내가 무엇을 느끼고 무엇을 배울 수 있었겠는가.

8

결혼을 하고 사랑을 배우다

당신은 사랑이란 무엇이라고 생각하는가. 우리가 접하는 책과 영화, 드라마 모든 분야에서 사랑이라는 주제는 쉽게 접하는 단어이기도 하다. 하지만 누군가 당신에게 "사랑이란 무엇인가요?"라고 묻는다면 바로 대답할 수 있는 사람은 그리 많지 않을 것이다.

나 또한 그렇다. 사랑이란 쉽게 접하는 단어지만 진정 그 의미를 알고 실천하는 사람이 많지 않다. 누군가에게 사랑은 그리움일 수 있다. 그리고 또 누군가에게 사랑은 희망일수도 있다. 저마다의 삶이 다르기 때문에 사랑의 의미도 달라진다고 생각한다.

나는 사랑을 알지 못했다. 20대 중반에 만난 여자친구와 있었던 일이다. 이때 만난 여자친구는 내 인생에 첫 애인이었다. 여자친구와는 채팅으로 만났다. 당시에는 채팅이 한창 유행이었다. 대부분의 남녀가 소개팅보다 채팅으로 만나는 경우가 많을 정도였다. 하지만 채팅의 단점은 서로의 얼굴을 정확히 확인하기 어렵다는 것이었다. 일명 폭탄을 만날 확률이 높다는 것이다. 내가 누군가에게는 폭탄일 때도 있을 것이고 나 또한 기대 이하의 여성을 만난 적도 있었다. 그런 상황에서 여자친구는 꽤나 나의 이상형에 가까웠다. 그녀는 성격도 나름 무난했다.

그때 당시 나는 골프장에서 일하고 있었다. 서비스업 특성상 핸드폰은 항상 휴게실에 두고 일을 하다가 잠깐 시간이 나면 휴게실로 가 핸드폰 메시지를 확인했다. 핸드폰에는 여자친구에게 온 문자가 가득했다. 문자 내용은 왜 답장이 늦는지, 나를 덜 사랑하는지 등을 묻는 내용이었다. 일할 때는 핸드폰을 휴게실에 두기 때문에 바로 답장을 못 하니 이해해 달라고 보냈다. 여자친구는 나의 답장이 마음에 안 들었는지 나의 사랑을 확인하려는 질문을 계속 해댔다. 나는 답답한 마음에 서로 주고받는 문자의 개수가 사랑의 척도는 아니지 않느냐며 반문했다. 돌아온 대답은 황당하게도 그게 사랑의 잣대가 될 수 있다는 여자친구의 답이었다.

한동안 이 문제를 두고 여자친구와 나는 자주 싸웠다. 그리고 나의 인내심은 공공장소에서 폭발하고야 말았다. 당시 나는 일을 마치고 집으로 가는 버스를 타고 있었다. 버스 안에는 사람들로 가득했다. 평소 버스를 타면 전화통화를 하지 않는 편이다. 주변 사람들에게 피해주고 싶지 않기 때문이다. 하지만 이날은 달랐다. 버스를 타면서부터 시작된 여자친구와의 통화는 쉽게 끝나지 않았다. 같은 질문이 계속 반복되었다. 그리고 나는 소리를 지르며 화를 내기 시작했다. 얼마나 심하게 화를 냈는지 그 많은 사람들 중 나에게 뭐라 하는 사람이 없을 정도였다. 아마 다들 속으로만 욕했을 거라 생각한다. 지금 생각해도 심하다 싶을 정도로 여자친구에게 화를 냈다. 여자친구는 하염없이 울기 시작했다. 그렇게 여자친구가 울고 나서야 통화가 끝났다. 아니 내가 먼저 끊었다.

여자친구와 싸우고 3일 정도가 지났다. 나는 일부러 먼저 전화하지 않았다. 사실 하고 싶은 생각이 없었다. 그런데 갑자기 모르는 번호로 전화가 왔다. 핸드폰이 아닌 가정집 전화번호였다. 느낌이 좋지 않았다. 전화를 받자 나보다 어릴 것 같은 남자의 목소리가 들렸다. 다름 아닌 여자친구의 남동생이었다. 남동생은 자신의 누나와 계속 통화가 되지 않는다며 나에게 누나의 행방을 물었다. 순간 나는 등골이 오싹해졌다. '나랑 싸우고 나서 잠적한 건가'라는 생각도 들었다. 사실 잠적한 이유는 그것뿐이었다. 여자친구의 남동생과 전화를 끊자마자 나는 여자친구에게 전화했다. 그러나 여자친구의 전화는 꺼져 있었다. 그 뒤로 여자친구의 남동생과 부모님에게 전화가 계속 왔다. 그 전화를 받을 때마다 나는 너무도 괴로웠다. 마치 내가 죄인이 된 듯한 기분이었다. 여자친구가 나랑 싸운 것 때문에 극단적인 선택이라도 할까 봐 겁이 나기 시작했다. 만약 그런 일이 발생한다면 여자친구의 가족은 나를 살인자 취급할 거라고 생각했기 때문이다. 그런 생각이 머릿속에서 떠나지 않았다. 나는 일주일 동안 잠도 못 자고 밥도 제대로 먹지 못했다.

그때 내 인생에서 가장 간절한 기도를 드렸다. "하나님, 제발 여자친구가 무사히 돌아올 수 있게 해주세요."라며 통곡에 가까운 기도를 드렸다. 다행히도 하나님은 나의 기도를 들어주셨다. 여자친구와는 일주일만에 연락이 닿았다. 통화음이 울리고 여자친구가 전화를 받자 나는 너무 기뻤다. 그리고 하나님께 감사했다. 나는 여자친구에게 그동안 어디 있었는지, 왜 연락을 안 받았는지도 물었다. 하지만 여자친구는 아무 말도 하지 않았다. 나는 일단 만나서 이야기하자고 한 뒤 전화를 끊었다.

우리는 집 근처 카페에서 보기로 했다. 일주일 만에 만난 여자친구는 생각보다 괜찮아 보였다. 얼굴도 그리 상하지 않았었다. 그 모습을 보니 나만 혼자 속 끓였다는 생각에 억울함과 분노가 올라오기 시작했다.

"내가 너 때문에 일주일동안 얼마나 힘들었는지 알아? 도대체 어디 있었던 거야? 전화는 왜 계속 안 받았어?"라고 물으며 또다시 화를 내기 시작했다. 무사히 돌아오게 해달라고 기도한 게 무색하게 느껴진 순간이었다. 기쁨과 감사는 어느새 사라지고 분노로 가득 찬 말들을 또 반복하고 있었던 것이다.

첫 여자친구와의 관계는 이 일을 계기로 얼마 후 끝이 났다. 보통 연인이 헤어지고 나면 외롭거나 슬픈 감정들이 남는다. 그런데 나는 오히려 후련한 감정만 남았다. 물론 몇몇 남성은 헤어지고 나서 바로 슬픈 감정을 못 느끼고, 어느 정도 시간이 지난 뒤 슬픔을 느낀다고 하지만 나는 시간이 지나도 슬픈 감정이 들지 않았다. 지금 생각해보면 그때 여자친구와 진심을 공유하지 않았던 것 같다. 감정을 공유하고 이해하지 않고 필요에 의해 만났다. '남들 다 애인 있으니까 나도 있어야지.' 하는 생각으로 말이다. 그리고 지금 나에게 솔직하게 물어본다. 여자친구가 극단적인 선택을 할까 봐 겁이 난 게 아니라 그 결과로 인해 내가 피해를 볼까 겁이 난 게 아니었냐고 말이다.

어느 날 밤 회사에서 정신적으로 힘들었던 나는 빨리 잠들고 싶었다. 그런데 아내는 나에게 자꾸 장난을 쳤다. 옆구리를 찌르고 코를 잡아당겼다. 나는 아내에게 말했다. "혜영, 오빠 피곤해 그만해." 약간 짜증 섞인 말투였다. 하지만 나의 말이 끝나기가 무섭게 아내는 또다시 장난을 쳤다. 같은 말을 3번 정도 반복했다. 그런데도 아내의 장난은 멈출 기미를 보이지 않았다.

화를 낼 기운도 없어 나는 자리를 옮겼다. 그러자 아내는 나를 따라와 또 장난을 쳤다. 다시 다른 곳으로 자리를 옮겼지만 결과는 같았다. 이때까지 난 아내가 장난치는 이유를 몰라 답답했다. 하지만 살아보니 아내가 장난치는 이유가 크게 2가지라는 걸 알게 되었다. 하나는, 아직 잠이 안 와서 내가 먼저 잠들지 않았으면 할 때다. 그리고 둘은 부부 관계를 원할 때이다. 이날 아내는 잠이 오지 않아서 나에게 장난을 계속 걸었다.

이날은 날이 아니었다. 장난도 받아주고 싶지 않고 그대로 잠들고 싶었다. 그러나 아내는 나의 마음도 모른 채 계속 장난을 쳤다. 결국 나는 폭발했다. 자꾸 나를 건드는 아내의 손을 잡아 내동댕이쳤다. 그러자 아내는 나를 등지고 돌아서더니 울기 시작했다. 아내가 우는 모습을 보고도 나는 아직 화가 가라앉지 않았다. '내가 지금 얼마나 피곤하고 힘든데 이걸 몰라주나?'라는 마음이 들었다. 그리고 얼마쯤 지났을까. 아내의 울음소리는 더 크고 애처롭게 들려왔다. 화가 어느 정도 가라앉자 조금씩 미안한 감정이 들었다. 나는 불을 켠 뒤 아내에게 다가갔다. 아내는 팔로 얼굴을 반쯤 가린 채 서럽게 울고 있었다.

그 모습을 보고 있자니 갑자기 가슴이 아팠다. 처음 만났을 때 나를 보며 환하게 웃던 미소는 온데간데없었다. 아내가 대단한 것을 바란 것도 아닌데, 장난 하나 못 받아줘서 울렸다는 사실에 내가 바보처럼 느껴졌다. 후회해도 때는 이미 늦었고 아내의 울음은 쉽게 그치지 않았다. 그렇게 한 시간 정도 지나자 아내가 울음을 그쳤다. 화해를 시도하려 어깨에 손을 슬며시 올려봤지만 아내는 내 손을 뿌리쳤다.

나는 연애를 많이 하지 못했다. 그리고 몇 번 안 되는 연애도 관계에 서툴렀다. 여자친구의 감정을 이해하기보다 나의 감정이 항상 먼저였다. 아무런 책임도 지지 않으려는 나의 태도는 어쩌면 연애를 잘 못하는 결정적인 이유였을지도 모른다. 그리고 관계에 서툰 내가 국제결혼을 했다. 연애를 하면서 여자친구와의 관계에 서툴렀던 내가 결혼 생활을 시작했으니 얼마나 더 서툴렀겠는가.

하지만 다른 한 가지는 있었다. 여자친구에게 화를 냈을 땐 미안하거나 가슴이 아프지 않았는데 아내에게 화를 내고 나면 미안한 감정이 든다는 것이다. 아내가 울기라도 하면 가슴이 미어진다. 나는 이런 감정이 드는 이유는 사랑이 있기 때문이라고 생각한다. 나에게 사랑은 아내의 미소를 지켜주고 싶은 마음이다. 아내의 미소와 눈물은 나에게 사랑이 무엇인지를 가르쳐주었다. 나의 국제결혼은 그렇게 책과 영화 드라마에서도 알 수 없었던 사랑을 배울 수 있게 해주었다.

2 장

국제결혼과 국내결혼은 다르다

1

결혼식 준비보다 남편 준비부터 하라

사람들은 보통 결혼식 준비라 하면 웨딩홀과 혼수를 떠올린다. 인터넷에 '결혼식 준비'라는 키워드로 검색해봐도 웨딩홀과 드레스 혼수와 관련해 상업적인 정보가 대부분이다. 물론 결혼식 자체에 대한 준비를 위해 이러한 것은 당연히 필요하다. 하지만 내가 말하고자 하는 것은 좀 더 본질적인 준비를 말하는 것이다. 본질적인 준비란 바로 결혼식을 올리기 전 남편으로서 준비가 되었는지를 말한다.

베트남 여성과 국제결혼을 한 남편을 코칭한 적이 있었다. 그는 보험일을 하고 있는 관계로 고객과 술자리가 잦았다. 1차에서는 호프집, 2차로는 노래방을 가는 경우도 있었다. 한번은 고객과 노래방에서 자리를 하고 있는데 아내에게서 영상통화가 걸려왔다고 했다. 그날은 술에 취해 누구의 전화인지도 모르고 받았다고 말했다.

아내는 영상통화 속에서 술에 취한 남편을 보고는 오해를 하게 되었다. 남편이 다른 여성과 술을 마시고 노래방을 갔다고 생각한 것이다. 그는 이날의 실수로 인해 아내의 추궁에 시달리게 되었다. 매일매일 틈날 때마다 아내에게서 전화가 걸려왔다. 지금 어디인지 무엇을 하는지 남편은 일하는 중에도 아내에게 보고해야만 했다. 그는 아내와의 오해를 풀기 위해 수차례 대화를 했다고 말했다. 그날 술을 같이 마신 사람은 다른 여자가 아닌 고객과 마신 거라고 아내에게 설명했다. 그리고 옆에 있던 여성은 자신이 부른 게 아니라 고객이 요청한 것이라고 말했지만 아직 한국말이 서툰 아내는 이 말을 온전히 다 이해하지 못했다고 한다. 아내는 남편의 설명을 듣고 나서도 오해를 풀지 못했다. 그는 이러한 상황이 너무 답답하다며 나에게 하소연했다.

나는 그가 영업을 하는 데 고객과 꼭 술을 마셔야 하는지부터 물었다. 그는 고객과 술자리를 갖게 되면 아무래도 더 가까워질 수 있다는 점을 들었다. 고객과 가까워지고 편해지면 계약과 소개도 훨씬 잘 이루어진다며 말이다. 그의 대답이 끝나고 나는 여가시간에는 무엇을 하는지 한 번 더 물어보았다. 그는 쉬기 전날에는 친구나 지인들을 만나 당구를 치고 술을 마신다고 했다. 1차가 끝나면 2차로 BAR나 노래방을 간다고도 말했다.

질문을 마치고 나니 평소 그의 행동에 문제가 있었다는 것을 알 수 있었다. 사실 영업을 하는데 고객과 꼭 술을 마셔야 하는 건 아니다. 나 또한 2년 동안 영업을 했다. 영업을 잘하진 못했지만 고객과 술을 마셔야 한다는 필요성은 전혀 느끼지 못했다. 내가 진심으로 다가가기만 하면 대부분의 고객은 나의 실적을 올려주었다.

그 남편은 술자리를 좋아했다. 그가 고객과 술자리를 하고 노래방을 간 이유는 평소 자신의 생활 습관에서 비롯된 것이었다. 나는 그에게 술자리를 갖는 시간을 아내와 함께하는 시간으로 바꾸라고 조언했다. 그리고 술자리를 끊기 어렵다면 집에서 아내와 같이 술을 마시라고도 전했다. 이때 술은 소주가 아닌 맥주로 하고, 맥주도 한 사람당 한 캔 이상은 넘지 말라고 조언했다.

결혼한 지 얼마 안 된 남편들은 아직 신혼의 달콤함 때문에 집에 일찍 들어가는 경우가 많다. 하지만 그것도 잠시, 총각 때의 행동이 올라와 곧 아내의 잔소리에 시달리게 된다. "지금 어디야?", "시간이 몇 신데 왜 아직도 집에 안 와?" 등등 결혼 전에 했던 행동들로 부부 사이에 갈등을 겪게 된다. 그런데 국제결혼은 아내의 반응에 차이가 있다. 국내결혼이야 남편이 진짜 바람을 피지 않는 이상 큰 문제가 되지 않는다. 친구와 당구 치고 있고 술 마시고 있다고 사실대로 말하기만 하면 된다. 다만 귀가가 늦을수록 잔소리의 강도는 커지겠지만 말이다. 그러나 국제결혼은 이러한 행동으로 오해를 낳을 수가 있다. 아내는 나의 의도와는 상관없이 보이는 대로 믿어버리기 때문이다. 앞서 말했다시피 내게는 미용실 누나가 그런 경우다. 단지 머리를 조금 오래 잘랐다는 이유로 오해를 샀으니 말이다.

나는 말수가 적은 편이다. 특히 친하지 않은 사람들과 있을 때는 더욱 그랬다. 정말 관심 있는 주제가 아니라면 말을 안 했다. 최소한의 말만 하며 그렇게 회사 생활을 했다. 비록 내가 만나고 관계하는 사람은 정말 적었지만 꼭 인간관계가 넓어야 한다고 생각하지 않았다. 이성과의 만남에서는 감정을 아꼈다. 혹시라도 상처받을까 봐 필요 이상으로 마음을 다 주지 않았다. 이성과 갈라서고 나면 역시 마음을 다주지 않기를 잘했다며 혼자 위로했다. 무엇보다 좋아하는 이성과 헤어지고 나서 고통스러운 시간을 갖는 것이 너무도 싫었다. 차라리 마음을 덜 주고 헤어질 때 고통 없이 마무리되길 선택했다. 지금의 아내가 일을 시작하기 전이었다. 퇴근하고 돌아오면 아내는 언제나 핸드폰을 보고 있었다. 저녁을 먹고 나서 나도 핸드폰을 보고 있었다. 회사에서 보다만 유튜브 영상을 이어봤다. 얼마쯤 지나자 아내는 나에게로 와서는 물었다. "오빠, 혜영 이거 먹고 싶어요." 핸드폰에는 라오스 음식으로 보이는 사진이 있었다. 나는 아내에게 이런 건 한국에 없다고 딱 잘라 말했다. 아내는 아쉬운 듯 핸드폰을 바라보았다.

핸드폰 속 사진을 보던 아내는 라오스에서 먹던 이야기를 하기 시작했다. 산에 가서 죽순 따던 이야기, 물고기 잡은 이야기 등 짧은 한국말로 나에게 말했다. 나는 관심 없는 듯 영상을 계속 시청했다. 그러자 자신의 말에 귀 기울이지 않은 모습에 화가 난 아내는 나의 핸드폰을 낚아챘다. 내가 핸드폰을 달라하자 아내는 심통 난 표정을 지으며 나를 응시했다. 당장이라도 핸드폰을 던질 기세였다. 결국 핸드폰을 두고 실랑이를 벌였다. 내가 아내의 말을 듣는 둥 마는 둥 한 것에 대해서는 생각하지 않았다. 그저 자기는 핸드폰 실컷 하면서 내가 핸드폰 하면 못 하게 하는 데 화가 났다. 그래서 무력으로 핸드폰을 다시 빼앗았다.

그 이후의 상황은 당신의 짐작과 같다. 아내는 울고 나는 또 후회하며 용서를 구했다. 그리고 우리 부부는 같은 문제로 싸우기를 반복했다. 같은 문제를 반복하며 나는 알게 되었다. 그동안 총각 때의 모습을 내려놓지 않았다는 사실을 말이다. 사례 속 남편은 총각 때 술자리를 즐기던 행동을 내려놓지 않았다. 나는 총각 때 관심 없는 주제에 대해 말을 안 했던 행동을 내려놓지 않았다. 직장생활이야 업무 외적으로 말을 아낀다고 해서 누가 뭐라 하지는 않는다. '그냥 저 사람은 말수가 적구나.' 하고 만다.

그러나 결혼 생활은 다르다. 아내가 말을 하면 싫건 좋건 간에 들어줘야 한다. 내가 관심 없는 것이라 할지라도 말이다. 듣는 것도 그냥 들어서는 안 된다. 눈을 마주보고 공감해주어야 한다. 국제결혼은 언어라는 장벽이 있기 때문에 특히 아내의 말에 공감을 잘 해줘야 한다. 짧은 단어 속에서 아내가 말하는 의도가 뭔지 정확히 파악하려면 대충 들어서는 안 된다.

세상에 완벽한 남편이 있을까. 나는 아무리 50년 100년을 함께 산다 해도 완벽한 남편과 아내는 없다고 생각한다. 나 또한 아무것도 모른 채 국제결혼을 했다. 허나 내가 지금까지 아내와 좋은 관계를 유지하며 지낼 수 있는 이유는 하나다. 나의 부족함이 무엇인지 알고 배우려 했다는 것이다. 국제결혼에서 남편 준비는 배우려는 자세를 먼저 갖추는 것이다. 국제결혼을 하고 나서 문제를 통해 배우려 하지 않는다면 그 어떤 준비도 의미가 없다.

2

상견례는 없고 찬성과 반대만이 있다

국내결혼은 결혼식 전에 양가 부모님을 모시고 상견례를 치른다. 예비신랑과 예비신부 양측 부모님 이렇게 6명이 자리를 갖게 되는 경우가 일반적이다. 대화 내용은 경우에 따라 다르겠지만 대부분 예식장과 신혼집에 대해 이야기한다. 대화거리가 떨어지면 서로 안부를 묻기도 한다. 그리고 예단과 예물을 어떻게 할 것인지에 대해 서로 의견을 나누기도 한다. 난 2남 1녀 중에 막내다. 누나의 상견례에서는 예단과 예물을 간소하게 하자고 했던 것으로 기억한다.

국제결혼은 당연한 듯 상견례가 없다. 나 역시 상견례 없이 결혼을 했다. 그리고 아직까지 나의 부모님과 아내의 부모님은 서로의 얼굴조차 마주하시지 못했다. 국제결혼은 남자가 상대 여성의 나라로 가서 자신의 배우자가 될 사람을 결정한다. 결혼은 한번에 성사될 수도 있고, 2번을 가도 성사되지 않을 수도 있다.

딱 한 번 가서 결혼한다는 보장이 없다는 것이다. 그래서일까. 국제결혼을 하려고 가는 남성들은 대부분 혼자 간다. 물론 업체에서도 혼자 가는 것을 권한다. 나는 부모님과 함께 가는 경우는 거의 보지 못했다. 아마 있다고 해도 그리 많지는 않을 것이다. 그리고 부모님과 함께 동행하게 되면 경비는 배로 들고 결혼정보업체도 일정 중 양가 부모님을 신경써야 하기 때문에 더 많은 비용과 에너지가 소모된다. 이밖에도 여러 가지 이유가 있지만, 혼자 갔을 때 효율성과 경제적인 면이 더 좋기 때문에 부모님이 동행하지 않는 경우가 지배적이다.

나의 국제결혼은 부모님의 반대에 부딪혔었다. 처음에는 말씀을 안 드리고 여행 삼아 가려 했다. 하지만 그런 행동은 지금까지 나를 길러주신 부모님에 대한 도리가 아니기에, 나는 어떻게 말씀을 드려야 할지 고민하기 시작했다. 평소 나는 시골집을 가게 되면 토요일에 내려가는데 말씀을 드리기로 결정하고 나니 토요일까지 기다릴 수 없었다. 이미 나의 마음엔 사진 속 여성이 가득 차지하고 있었다.

주말에만 오던 아들이 평일에 오자 엄마는 무슨 일이냐고 물으셨다. 묻는 와중에도 엄마의 얼굴에는 반가움이 묻어 있었다. 나는 반찬을 가지러 왔다며 둘러댔다. 그리고 바로 말을 하지 않고 분위기를 살피기 시작했다. 시간이 어느 정도 흘렀다. 부모님은 안방에서 TV를 보고 계셨다. 나는 안방으로 들어가 운을 떼기 시작했다.

첫마디는 이러했다. "엄마, 사실 나 여자친구 생겼어!" 내가 이 말을 하자 부모님의 얼굴에는 화색이 돌기 시작했다. 30대 중반의 아들이 여자친구가 생겼다고 하니 이제 결혼 걱정은 안 해도 되겠다고 생각하신 것 같았다. 아버지는 보던 TV를 끄시고는 잘됐다며 박수치셨다. 나는 부모님께 핸드폰에 저장된 사진을 보여드렸다. 두 분은 사진을 보시고는 다른 나라 아가씨인지 알아채지 못하셨다. 사진을 본 엄마는 예쁘다며 이것저것을 물으셨다. 나이는 몇 살인지, 어디 사는지 등을 물어보셨다. 나는 나이가 좀 어리고 좀 멀리 산다고 대답했다. 그러자 엄마는 멀리 살면 서울에 사는 아가씨냐고 물으셨다. 드디어 본론을 말씀드릴 차례였다. 나는 한국 아가씨가 아니라고 답했다. 나의 말을 들으신 부모님은 순간 아무 말씀도 없으셨다. 엄마는 핸드폰 속 사진을 다시 보셨다.

나는 부모님께 사실대로 말씀드렸다. 부모님은 내게 사진을 보내준 형님한테 내 소개로 보험도 가입하셨고 평소 내가 형님 이야기를 자주 해서 이미 잘 알고 계셨다. 형님의 소개로 결혼정보업체와 상담을 했고, 업체 사장님은 형님과 친구 사이라는 것도 말씀드렸다. 그러나 부모님은 황당하고 예상하지 못한 이 일을 어떻게 받아들여야 할지 난감해하셨다. 나는 이때다 싶어서 무릎을 꿇었다. 그 정도로 나는 간절했다. 꼭 사진 속 아가씨를 만나고 싶었던 것이다. 나의 행동에 부모님은 일단 다녀오라고 허락하셨다. 너무도 감격한 나머지 아버지의 두 손을 꼭 잡고 "아버지, 정말 감사해요."라고 말했다.

부모님의 허락이 떨어지고 나서 나는 모든 게 마무리됐다고 생각했다. 그러나 부모님은 나의 국제결혼을 완전히 허락하신 게 아니었다. 부모님이 사시는 시골에는 국제결혼을 한 다문화 가정이 꽤나 많이 살고 있는데 그중에는 잘 사는 부부도 있지만 그렇지 않은 부부도 있었다. 신부가 애 낳고 도망갔다는 이야기, 부부가 매번 싸운다는 이야기 등 잘 사는 이야기보다는 안 좋은 이야기가 부모님을 걱정하게 만들었다.

일주일이 지나고 시골집을 다시 찾았다. 할머니는 나를 부르셨다. 그러고는 나에게 국제결혼을 꼭 해야겠냐며 안 하면 안 되겠냐고 물으셨다. 할머니도 주변의 안 좋은 소문 때문에 걱정이 이만저만이 아니셨다. 할머니는 내가 부모님께 국제결혼을 말씀드리고 간 뒤에 엄마가 식사도 제대로 못 했다며 손발이 떨렸다고 말씀하셨다. 그 말을 듣고 나니 마음이 무거웠다. 국제결혼을 꼭 해야 하는지 다시 생각하게 되었다.

그러나 부모님과 할머니의 걱정과 만류에도 불구하고 나의 마음은 변함없었다. 오히려 사진 속 아가씨를 만나게 될 모습을 상상하고 있었다. 뿐만 아니라 결혼식을 하고 나서 입을 커플티를 고르고 있었다. 이미 비행기표는 예약된 상태였다. 라오스로 가기 2주 전쯤 다시 시골집을 내려갔다. 그런데 이번에는 누나가 집에 와 있었다. 나는 어떤 상황이 펼쳐질지 대충 예상이 되었다. 아니나 다를까. 누나는 나에게 갑자기 웬 국제결혼이냐며 생각을 고쳐먹기를 원했다. 국제결혼을 생각해보겠다는 것도 아니고 통보하듯 국제결혼을 한다고 하면 어느 부모가 좋아하겠냐며 말이다. 누나는 국제결혼은 문화도 언어도 다른데 네가 그걸 감당할 수 있겠냐며 따지듯 물었다. 만약 결혼이 잘못되기라도 하면 부모 망신시키고 네 인생 망치는 건데 그런 건 생각 안 하냐고 말했다.

누나가 하는 말들이 다 맞는 말이었다. 나는 나만 생각했다. 부모님의 입장은 생각해보지 않았다. 하지만 내게는 앞서 말했다시피 국제결혼을 선택할 만한 충분한 이유가 있었다. 이런 상황을 가족은 알지 못했다. 그래서 답답하고 억울함에 눈물이 나려 했다. 엄마는 내가 아무 말도 하지 못하고 있자 이때다 싶으셨는지 다시 나를 설득했다. 조금만 더 기다리면 좋은 신부가 나타난다며 이번에는 그냥 없던 일로 하자고 하셨다. 그리고 결혼하면 아파트 한 채 장만해줄 테니 좀 더 생각해보자고 하셨다. 그때 누나는 "엄마는 무슨 아파트냐."며 그런 걸로 애 환심 사면 안 된다고 나섰다.

누나가 한 말들은 많은 생각을 하게 만들었다. 한편으로는 내가 정말 못된 아들 같다는 생각도 들었다. 그러나 부모도 형제도 내 인생을 대신 살아줄 수는 없다고 생각했다. 가족도 나의 행복을 책임져줄 수는 없다. 이렇게 생각하고 나니 국제결혼을 선택한 나의 결정에 더 이상 의문을 갖지 않게 됐다. 다만, 형에게는 이야기를 하지 않기로 했다. 누나의 반응이 이 정도면 형은 더 심할 거라 생각했기 때문이다. 물론 누나에게 말한 건 내가 아니었다. 아마 엄마가 말하셨을 것이다. 다행히도 엄마는 형에게는 말하지 않으셨다. 엄마도 형의 반응이 어떨지 뻔히 보였기 때문이다.

라오스로 가기 며칠 전 아버지에게 전화가 왔다. 아버지는 단도직입적으로 나에게 말하셨다. 아무리 생각해도 이건 아니니까 라오스 가지 말라고 하셨다. 나는 아버지를 설득했다. 하지만 돌아오는 대답은 나의 예상과는 달랐다.

"네가 부모 말도 거역하고 맘대로 할 거면 사준 집 내놓고 부모 자식의 연도 끊자."

숨이 '턱' 하고 막혔다. 통화를 하고 있을 때 옆에는 형님이 있었다. 뭔가 심상치 않은 느낌에 왜 그러냐고 물으셨다. 나는 아버지가 한 말을 형님한테 해주었다. 형님은 이래저래 욕먹었으니 그냥 가라고 했다. 근데 문제는 돈이었다. 내가 가진 돈은 500만 원이 전부였다. 그때 당시 나는 3,000만 원이 넘는 중형차를 산 지 얼마 안 됐는데 순간 이 차를 팔면 충당할 수 있겠다는 생각이 들었다. 그렇게 마음을 먹은 지 얼마 안 되었는데 아버지에게 다시 전화가 걸려왔다. 나는 숨을 크게 한 번 고르고 전화를 받았다. 아버지는 이번에도 예상치 못한 말을 하셨다. "네가 정 가고 싶으면 조심히 다녀와라." 아마도 화를 내고 끊으시고 금세 내가 걱정이 되셨던 것 같았다.

국제결혼을 하는 대부분의 남성은 자신과 맞는 여성을 만나지 못하거나 나이가 많아서 가는 경우가 많다. 또는 직업, 나이, 외모, 경제력 등 한국 여성에게 선택받을 만한 조건이 안 되어 가는 경우도 있다. 만약 가족이 보기에도 당신이 나이가 많고 한국 여성과 결혼할 확률이 낮다고 생각되면 국제결혼을 말리지 않을 것이다.

부모님은 내게 기대가 크셨다. 나 정도면 훌륭한 신랑감이라고 생각하셨다. 허나 실상은 부모님의 기대와는 달랐다. 관계에 서툴렀고 연애에 실패했다. 어떻게 보면 빠른 나이에 국제결혼을 했다고도 할 수 있다. 가족의 반대에도 내가 국제결혼을 선택한 이유는 한 가지였다. 바로 '나의 행복'이었다. 가족은 당신의 국제결혼을 반대할 수도 찬성할 수도 있다. 그러나 당신의 행복을 책임져주진 않는다.

3

국내결혼은 현실,
국제결혼은 학교

아내가 한국에 온 지 한 달쯤 됐을 때였다. 나는 아내가 한국말을 빨리 배웠으면 해서 문화센터를 방문했다. 전부터 결혼정보업체 사장님을 통해 다문화센터를 다니는 게 좋다고 들어왔기 때문이었다. 다문화센터는 내가 살고 있는 곳뿐만 아니라 전국 시군별로 다문화 가정을 위해 운영되고 있다. 이곳에서 주로 하는 일은 결혼이주여성의 정착을 돕는 것이고 더 나아가서는 다문화가정의 안정된 생활을 지원했다.

내가 방문한 문화센터에는 이미 많은 결혼이주여성들이 한국어를 배우고 있었다. 가장 많은 비중을 차지하는 나라는 중국인 여성이었다. 그

다음은 태국, 베트남, 캄보디아 등 주로 아시아권의 여성들이 주를 이루었다. 나는 그 모습을 보며 아내가 이곳에서 친구도 사귀고 빠르게 한국말을 배울 수 있겠다는 기대를 했다.

국내결혼은 결혼하고 나서 부부로서의 현실을 맞이하게 된다. 연애할 때와 다른 서로의 모습에 실망을 하고 싸우는 일이 발생하기도 한다. 집안일, 육아, 그리고 시댁 친정의 경조사등 서로 소통하며 합의점을 찾아야 하는 주제들이 많이 존재한다. 그와 달리 국제결혼에서 이러한 문제들은 나중 일이 된다. 한국에 온 이주여성은 한국말을 배우는 것을 시작으로, 생활과 관련한 모든 것을 배워가야 한다. 그 배움에서 남편의 역할은 절대적이다. 아내는 일주일에 3번 다문화센터를 나갔다. 아내는 내가 퇴근하고 집에 오면 책을 펼치고 공부를 하고 있었다. 이런 모습을 보며 나는 흐뭇해했다. 아내는 공부를 하다 모르거나 이해가 안 되는 게 있으면 나에게 물어봤다. 호랑이, 사과, 비행기, 이러한 단어는 손짓 발짓으로 알려주거나 사진과 번역기를 이용했다. 하지만 번역기에도 한계는 있었다. 간단한 단어나 의미를 전달하는 것은 가능했지만 대화 내용을 일일이 번역하는 것은 힘들었다.

어느 날 아내는 나에게 집에 돈을 보내야 한다며 문자를 보내왔다. 갑자기 돈을 보내달라는 아내의 말에 나는 조금 당황했다. 회사에 있으니 정확한 사정을 알 수 없었다. 퇴근한 뒤 나는 아내에게 왜 돈을 보내야 하는지 물어보았다. 아내는 "지금 부모님 쌀 없어요." "먹을 거 없어요." 라는 말만 반복했다. 이해가 되지 않았다. 라오스가 경제적으로 크게 발전한 나라는 아니지만 먹을 것이 부족한 나라도 아니기 때문이다. 더군다나 라오스는 1년에 벼농사 이모작도 가능한 나라이다.

아내의 말을 듣고 바로 돈부터 보내드릴 수도 있지만 정확한 사정을 알고 난 뒤 보내고 싶었다. 그래야 서로 오해가 생기지 않기 때문이다. 아내는 말로 설명하다 안 되겠다 싶었는지 사진을 보여주었다. 사진 속에는 논으로 보이는 곳에 벼들이 있었다. 그런데 벼가 쓰러지고 뜯겨져 있었다. 나는 아내에게 벼가 왜 이러는지 물어봤다.

아내의 말과 몸짓을 종합해보니 상황이이랬다. 부모님께서 벼농사를 짓고 있는 논에 다른 사람의 소가 침입했다는 것이었다. 그 소는 논의 벼들을 먹고 다니며 벼들을 다 헤집어 놓았던 것이다. 나는 가족이 먹을 양식이 이웃집 소로 인해 모두 사라졌다는 사실을 그제야 알게 되었다. 허나 아내의 이야기를 듣고 나는 더 궁금한 게 있었다. '어떻게 소 한 마리가 온 논의 쌀을 다 먹어치우고 헤집어 놓을 수 있을까?', '친정집에는 전에 추수한 쌀은 없었던 것이었을까?' 등 궁금한 게 더 있었지만 더 이상 물어보면 또 싸울 거 같아 일단 돈을 보내드렸다. 그때는 미처 몰랐지만 지금 생각해보면 아마 논이 그리 크지 않았을 거란 생각이 든다.

이 일이 지난 후에 아내와 대화할 때마다 막히는 부분이 자주 발생했다. 나는 다문화센터에서 한국어를 배우면 혼자 공부하면서 다 깨우칠 거라고 생각했는데 실제 생활하며 사용하는 언어는 모두 내가 가르쳐야 하는 부분이었다. 아내가 발음이 안 되거나 뜻을 이해하지 못할 때마다 욱하며 화가 올라올 때도 있었다.

아내가 지금의 쌀국수 집에서 일하기 전이었다. 국제결혼을 연결해준 형님은 발이 꽤 넓은 편이다. 심지어 연예인도 알고 있다. 개그맨 박명수와는 무명 시절 때 형 동생으로 알고 지냈다고 하는데 확인할 방법이 없다. 사실 여자 연예인이면 모를까 그리 궁금하지 않았던 이유가 더 크긴 하다. 평소 형님과 대화할 때마다 아내의 한국어 교육에 대해 의견을 자주 나누었었다. 과거 형님은 학생을 가르치던 강사였다. 그래서 형님이 하는 말들이 조금 신뢰가 갔었다. 형님은 나에게 문화센터보다는 빨리 아무 일이라도 시작해보길 권했다. 학교에서 배우는 언어보다 생활에서 언어를 배워야 더 빨리 늘어난다는 게 그 이유였다.

형님의 소개로 아내는 시내에 있는 편의점에서 일을 배우기로 했다. 편의점에서는 계산을 잘해야 하는데 아직 서툴러서 2달 정도를 배우는 기간으로 정했다. 편의점 사장님은 형님과는 학생 때부터 알고 지낸 사이라고 말해주었다. 형님이 나이트에서 알바할 때 편의점을 자주 들락날락하다 보니 친해지게 되었다고 말이다. 사실 개그맨 박명수도 이때 알게 된 것이었다.

아내는 편의점에서 많을 때는 4시간, 적을 때는 2시간 정도 일을 배웠다. 나는 퇴근하고 집에 오면 아내에게 그날 뭘 배웠는지 물어봤다. 아내는 어렵다는 말만 반복했다. 편의점 계산대에는 계산기가 있는데 이걸 배우는 것이 어려웠다고 했다. 담배의 종류도 너무 많아 헷갈린다고 말했다. 나는 아내의 말을 듣고 5만 원 권을 잔돈으로 바꿨다. 그리고 천 원짜리 5천 원짜리 만 원짜리를 나란히 바닥에 깔았다. 손님이 돈을 주면 거스름돈을 얼마 남겨줘야 하는지 알려주기 위해서 말이다. 그러나 아내는 그리 크게 관심을 갖지 않았다.

라오스는 대체적으로 학구열이 한국에 비해 많이 낮다. 그러다 보니 어떤 것을 배워서 익히는 데 시간이 다소 걸린다. 나는 거스름돈을 남겨주는 것뿐 아니라, 담배 종류도 설명하기 시작했다. 나는 아내에게 하루에 3개씩 담배 사진을 찍어오라고 했다. 그 사진을 보며 말보루, 디스, 레종을 설명했다. 몸에 좋지도 않은 담배를 설명하고 있자니 기분이 이상했다. 그리고 담배 종류가 너무도 많았다. 하나의 이름에 연달아 시리

즈별도 줄을 이었다. 나는 설명하다 지쳤고, 아내도 설명을 듣다가 지쳐 버렸다.

아내는 편의점에서 일을 배운 지 한 달도 안 되서 발길을 끊었다. 나는 돈을 버는 것뿐 아니라 사장님이 믿을 만한 분이라 아내가 그곳에서 일하길 바랐다. 하지만 싫어하는 일을 강요할 수는 없는 것이었다. 아내가 일을 시작한 시점은 그 뒤로 한참이 지난 뒤였다.

국제결혼을 하게 되면 가르쳐야 할 것들이 차고 넘친다. 생활 속에서 사용하는 언어를 가르치는 것, 돈 계산하는 법, 버스 타는 법, 화장품 바르는 순서, 한국 음식 만드는 법 등 종류도 다양하다. 나 같은 경우 성질이 급하고 욱하는 면이 있어서 차분하게 알려주지 못할 때도 많았다. 하지만 이것은 국제결혼을 한 남편으로서 당연한 의무다. 내가 아니면 누가 아내에게 알려줄 수 있겠는가. 아내가 믿고 의지하는 건 남편뿐이다. 느리고 답답하더라도 사랑과 애정을 담아 아내를 가르치다 보면, 어느 순간 아내에게 배우기도 한다. 학교에서 국, 영, 수를 배웠다면, 국제결혼을 통해 나는 부부의 삶을 배워나가고 있다.

4

넌 어느 별에서 왔니?

『화성에서 온 남자 금성에서 온 여자』라는 책이 있다. 이 책의 저자는 '존 그레이'라는 사람이다. 아마 작가의 이름은 몰라도 책 제목은 한 번쯤 다 들어봤을 것이다.

이 책은 남녀의 관계를 심리학적으로 다루고 있다. "여자는 자신이 이야기를 할 때 공감해주기를 바란다. 하지만 남자는 해결책을 제시하려고만 하기 때문에 이러한 관점에서 벗어나야 한다."고 저자는 말한다. 대화 속에서 문제를 바라보는 남녀의 관점은 서로 다르다. 책 제목으로 서로 다른 행성 뒤에 남녀를 붙인 이유도 아마 이런 차이 때문일 것이다.

여자는 이야기할 때 해결책보다는 공감을 바란다. 이 사실을 미리 알아두면 관계 시 갈등이 생길 확률은 그만큼 낮아진다. 하지만 모든 문제가 내가 아는 수준에서 다 해결되는 것은 아니다. 문제는 언제나 예기치 않은 곳에서 발생하곤 한다.

퇴근하고 집에 오면 남편들은 푹 쉬고 싶다. 나 또한 직장 스트레스로 인해 퇴근하고 집에 오면 아무것도 안 하고 싶었다. 이런 마음을 알 리 없는 아내는 그저 남편이 자신이 원하는 것들을 다 해주기를 바랐다. 집에 오면 특별히 할 건 없었다. 아이를 돌봐야 하는 것도 아니었고, 설거지나 빨래를 해야 하는 것도 아니었다.

아내는 나를 많이 사랑해준다. 애정 표현도 잘하고, 애교도 잘 부린다. 그런데 그 표현 방식이 좀 독특할 때가 있다. 샤워를 하고 쿠션을 같이 베고 있을 때였다. 유튜브를 보는데 아내가 내 핸드폰을 가로챘다. 그러고는 애정 표현을 하기 시작했다. 볼에 뽀뽀를 하고 입을 맞추고 튼실한 다리로 나를 감쌌다. 이 정도 애정 표현은 다른 신혼부부들도 다 한다고 생각한다. 그런데 아내는 입술을 맞추는 것에서 끝나지 않았다. 키스를 하다가 혀를 물기도 하고 입술을 깨물고 늘어지기도 했다. 처음엔 '애정 표현이 좀 거치네.' 정도로 생각했는데 이런 행동이 10분, 30분이 넘어가자 입술이 거덜 나는 느낌이 들었다.

나는 아내에게 살짝 짜증을 내며 아프다고 말했다. 본인이 생각하기에도 좀 심하다고 느꼈는지 아내는 미안하다며 바로 수긍했다. 하지만 아내는 얼마 지나지 않아 또 같은 행동을 반복했다. 순간 나도 똑같이 세게 물었다. 아내는 울먹이는 목소리로 아프다며 짜증을 냈다. 나는 아내에게 말했다. "혜영도 오빠 입술 세게 물었잖아, 오빠 많이 많이 아파." 그러자 아내가 답했다. "오빠 여자? 혜영 여자, 오빠는 남자, 남자 여자 같아요?" 자신이 불리할 때 여자라는 조건을 내거는 건, 국내나 해외나 같다는 생각이 들었다.

드라마나 영화를 보면 커플과 부부의 애정 표현 장면이 나올 때가 있다. 물론 연기이고 실제와는 다른 면이 다소 있기는 하지만 그동안 나의 경험을 놓고 봤을 때 남녀의 애정 표현은 드라마의 모습과 크게 다르지 않았다. 그와 달리 아내의 애정 표현은 참으로 독특할 때가 많다. 예전에 예능프로를 보면 이런 장면이 있었다. 출연자들은 남녀가 한 쌍을 이뤄 게임을 하는데 중간에 풍선을 터트리는 순서가 있다. 남자는 풍선을 자신의 배에 두고 여자출연자를 힘껏 포옹하면서 풍선을 터트린다. 내가 예능 프로까지 들먹이며 이렇게 자세하게 설명하는 이유는 바로 아내의 동작을 설명하기 위해서다.

아내는 내가 설거지를 하거나 거울을 보고 있으면, 풍선을 터트리는 남자 출연자의 동작을 했다. 자신의 엉덩이를 뒤로 뺐다가 힘껏 나를 끌어안았다. 설거지를 할 때는 뒤에서 하니까 그나마 괜찮았다. 하지만 문제는 앞이었다. 처음에는 아내가 뭐 하려고 이러나 싶어 방심하고 있었다. 그리고 힘을 빼고 있는 상태서 아내의 공격이 들어왔다. 잠시 뒤 남자들만 아는 고통이 저 아래에서 올라오기 시작했다. 아내가 이걸 노리고 했는지는 모르겠지만, 공격이 제대로 들어온 것이었다.

머리가 하얘졌다. 그리고 어느 정도 시간이 지나고 나서야 아랫도리가 평온해졌다. 아내의 이런 거친 애정 표현은 나의 욱하는 성질을 돋우는데 한몫하게 되었다. 아내의 애정 표현 때문에 싸우는 일도 많았다. 나는 조금만 더 부드럽게 해주길 바라는데, 아내는 거친 투우소처럼 달려들었다. 보통 부드럽게 해달라는 말은 여자가 하는 경우가 많은데, 남자인 내가 이 말을 하고 있으니 이상한 기분이다.

아내는 영화를 보는 취향도 거칠다. 제일 좋아하는 배우는 빈 디젤, 드웨인 존슨, 제이슨 스타뎀이다. 이 배우들이 등장하는 영화의 장르는 대부분 액션이다. 총을 쏘거나 싸우거나 뭔가 부수는 장면들이 많다. 아내는 이 배우들이 등장하는 영화를 볼 때마다 눈이 초롱초롱해진다.

한번은 〈닥터 두리틀〉이란 영화를 보러갔다. 장르는 판타지, 코미디였다. '로버트 다우니 주니어'가 나오는 영화라 내가 보자고 했었다. 나는 동물들도 나오고 액션 장면도 좀 있어 아내가 좋아할 거라고 생각했다. 하지만 '로다주'는 아내의 취향이 아니였을까. 영화를 보던 아내는 잠이 들어버렸다. 아내는 집에 있을 땐 핸드폰으로 드라마를 보거나 TV로 영화를 본다.

영화는 주로 액션이 나오는 채널을 본다. 그런데 문제는 영화를 보면서 핸드폰으로 드라마도 볼 때였다. 드라마에서는 싸우는 장면이 많이 나왔다. 영화에서는 총 쏘는 장면이 주를 이었다. 이 2가지 사운드가 합쳐지자 나는 정신이 사나웠다. 그럴 때마다 난 아내에게 둘 중 하나만 보라고 했다. 아내는 영화가 생각보다 재미없을 땐 TV를 껐다. 영화가 재미있으면 끄지 않고 소리를 줄였다.

아내가 액션영화를 좋아하고 거칠게 애정 표현하는 것들은 어쩌면 남성성이 많아서이지 않을까 하는 생각도 했다. 하지만 내가 조금만 뭐라고 하거나 서운하게 하면 금세 눈물을 글썽이는 아내다. 언제 깨질지 모르는 유리와 같은 마음도 가지고 있는 것이다.

아내는 투우사에게 달려드는 소처럼 거친 모습을 가지고 있다. 저돌적인 애정 표현에 적응하는 데는 상당한 시행착오가 있었다. 처음엔 애정 표현인지 괴롭히는 건지 헷갈렸다. 그런 표현의 손길이 귀찮아서 때론 화내거나 소리쳤다. 그때마다 아내는 어린아이처럼 서럽게 울고 있었다. 거친 모습에서 한없이 여린 모습으로 바뀌는 것을 보며 내 마음은 온탕과 냉탕을 왔다 갔다 했다. 그렇게 수없이 마음의 담금질을 하고 나니 아내의 독특해 보이던 모습은 어느새 자연스럽게 다가왔다. 처음엔 "넌 어느 별에서 온 거니?"라고 혼잣말을 할 정도로 아내의 행동이 희한했다. 지금도 마찬가지기는 하다. 하지만 부부로서 같이 사는 동안 이런 모습은 어느새 자연스럽게 스며들고 있었다. 만약 아내의 거친 행동을 바꾸고자 했다면 싸우는 일만 더 늘어났을 거라 생각한다. 아내를 맞이하고 부부로 산다는 건 상대를 바꾸는 것이 아닌 나를 바꾸는 것에서 시작하는 것이다.

5

아내를 다시 만나기까지 7개월

7일간의 일정을 마치고 인천공항에 입국했다. 라오스의 뜨겁고 습한 공기와는 달리 한국에는 매서운 칼바람이 불고 있었다. 온도차는 어림잡아 40도 이상 차이가 났다. 빡빡한 일정과 긴장의 연속. 심한 기온차로 인해 몸 상태가 좋지 않았다.

고속버스를 타고 오면서 중간 휴게소에 내렸다. 휴게소에는 눈이 쌓여 있었다. 나는 태어나서 눈 구경 한번도 못해봤을 아내를 위해 소소한 이벤트를 했다. 휴게소 테이블에 쌓여 있는 눈을 스케치북 삼았다. 그리고 그 위에 내 이름과 아내의 이름을 쓰고 사이에 하트를 그려넣었다. 나는 완성된 그림을 사진으로 찍어서 아내에게 보내주었다. 아내는 내가 보내준 사진을 보더니 사랑과 애교가 담긴 이모티콘을 마구 보내왔다. 업체 사장님은 피곤한데도 이런 행동을 하고 있는 내가 예뻐 보였는지, 내 모습을 핸드폰으로 찍고 계셨다. 특별하고 거창한 이벤트는 아니었지만 오래도록 기억에 남을 장면이다.

집에 도착해 짐을 풀고 나서 바로 잠에 들었다. 일정 동안 쌓여 있던 피로가 한꺼번에 몰려오는 느낌이 들었다. 그리고 7일간 라오스에서 겪었던 모든 일이 마치 꿈처럼 스쳐지나갔다. 내가 선택한 결혼이지만 아직 실감이 나지 않았다. 나는 입국한 뒤로 몸살이 심하게 왔다. 원래는 주말에 집에 내려가 부모님께 결혼식을 잘 치렀다고 말씀드리려고 했는데 밥도 해먹지 못할 정도로 몸이 안 좋았다. 엄마는 다음 주에 와도 되니 일단 몸부터 챙기라고 말씀하셨다.

나는 다음 주 토요일에 시골집을 내려갔다. 부모님과 할머니는 어떻게 결혼식을 했는지 궁금해하셨다. 그리고 신부는 어땠는지, 신부 가족관계는 어떻게 되는지 등을 물으셨다. 나는 사진을 보여드리며 결혼식 과정을 설명해드렸다. 아내의 부모님은 어디에 계시는지, 여동생이 누구인지를 알려드렸다. 나의 설명을 듣고도 부모님과 할머니는 완전히 안심하신 눈치는 아니셨다. 그 상황에서는 내가 어떤 말을 하더라도 완전히 안

심시켜드리기 힘들 거란 생각이 들었다. 아마도 부모님은 앞으로 아내가 한국에 들어와 잘 살 수 있을지 걱정이 많으셨을 것이다. 그런 마음을 알기에 난 누구보다 더 잘 살아야겠다는 생각이 강하게 들었다. 그런 모습을 보여드린다면 부모님뿐만 아니라 할머니도 국제결혼 허락하길 잘했다고 말하실 거라 생각했기 때문이다.

국제결혼을 하고 나면 신부가 바로 들어오지는 않는다. 신부가 한국 입국 비자를 발급받으려면 한국어능력시험을 합격해야 결혼 비자를 발급받을 수 있기 때문에 입국까지는 보통 6개월에서 7개월 정도가 걸린다. 짧은 경우에는 4개월에서 5개월 정도가 걸리기도 한다. 아내가 빨리 한국에 들어오길 원한다면, 신랑과 신부 사이에 자녀가 있으면 된다. 또는 한국어나 상대 여성의 모국어로 소통이 가능하거나 제3언어(영어, 타언어)로 소통이 되는 경우도 여기에 포함이 된다.

아내는 감사하게도 시험을 한번에 합격했다. 라오스는 결혼한 여성들이 기숙사에서 합숙을 하며 한국어를 공부한다. 나는 업체 사장님과 아내를 통해서 공부하는 사진을 보게 되었다. 그 모습을 처음 봤을 때 뭔가 뿌듯하고 대견하다는 생각이 들었다. 나도 한때 영어를 정복하겠다고 학원을 다녔던 경험이 있다. 그런데 아직도 영어 한마디 제대로 못한다. 영어뿐 아니라 타국어를 배운다는 것은 어려운 일이다. 그 어려운 일을 오로지 남편을 만나기 위해 하고 있는 아내가 참 기특하게 여겨졌다.

아내가 공부하는 모습을 보자마자 나는 서점으로 향했다. 전부터 업체 사장님을 통해 신랑들도 신부가 살고 있는 국가의 언어를 배우면 좋다는 말을 들었고, 신부가 한국어를 공부해도 완벽하지는 않기 때문에 신랑도 배워두면 좀 더 낫다는 이유에서 말이다. 그리고 한쪽만 공부하기보다 서로의 언어를 배우면 문화를 이해하는 데도 훨씬 도움이 된다는 말도 전해 들었다.

서점에 도착해서 언어 학습지 코너로 향했다. 평소에는 관심을 두지 않아 잘 몰랐지만 언어학습과 관련한 책이 엄청나게 많았다. 영어는 물론 태국, 베트남, 캄보디아 등 종류도 각양각색이었다. 그런데 아무리 눈 씻고 찾아봐도 라오스어는 보이지 않았다. 가까이 위치한 베트남이나 태국은 교재가 많이 있었는데 왜 라오스어는 없는지 이해가 되지 않았다.

나는 찾다 못 찾겠어서 서점 내에 있는 컴퓨터로 검색을 했다. 그리고 검색한 위치로 가서 꼼꼼하게 찾아봤다. 드디어 찾아 헤매던 라오스어 교재를 발견했다. 종류는 2가지였는데 하나는 얇았고 하나는 좀 두꺼웠다. 내용을 비교해보니 서로 장단점이 달랐다. 그래서 나는 2권을 모두 구입했다.

지금도 그럴 테지만 영어를 배울 때 우리는 알파벳부터 익히기 시작한다. 나는 라오스어 책을 펼치고 나서 글자를 익히기 위해 펜과 노트를 꺼냈다. 그리고 글자 하나하나씩 써내려갔다. 그런데 이것은 글자인지 지렁이인지 어디가 시작이고 끝인지 도통 헷갈렸다. 한 획 한 획 시작과 끝이 확실한 '한자'와는 달리 헷갈리고 애매모호한 글자였다. 나는 금세 싫증이 나기 시작했다. 하지만 아내가 저렇게 열심히 하고 있는데 이제 막 시작한 공부를 놓을 수는 없었다. 그래서 약간의 꼼수를 부렸다. 내가 라오스에 가서 글자를 읽을 일이 얼마나 있겠는가. 그냥 글자는 건너뛰고 단어와 문장만 외우면 되겠다는 생각이 든 것이다.

이 방법으로 공부를 하기 시작하니 글자에 대한 스트레스가 사라졌다. 라오스어 밑에 한국어로 발음을 쓰고 그것만 외우면 되는 일이었다. 한번은 라오스어 듣는 귀를 트이기 위해서 드라마를 보기 시작했다. 그런데 발음이 들으면 들을수록 점점 헷갈렸다. 그리고 속도는 왜 이렇게 빠른지 따라잡기가 버거웠다. 나는 귀를 트이는 것을 접고 나서 외우는 것에만 집중했다. 집에서는 안 하던 공부를 하려니 책이 잘 펴지지 않았다. 그래서 공부할 부분만 핸드폰으로 찍어서 회사에서도 공부를 했다.

얼마 뒤 공부를 하고 나니 써먹고 싶어졌다. 나는 아내와 영상통화 할 때마다 내가 공부한 내용으로 질문을 했다. "싸바이디"(안녕하세요), "낀 카오 래우 버?"(밥 먹었어요?) 등을 물었다. 그때마다 내 말을 이해하고 대답해 주는 아내가 신기하고 기분이 좋았다. 배움의 기쁨이란 게 이런 건가 하는 생각이 들었다. 무엇보다 아내와 소통하고 있다는 생각에 공부를 더 열심히 하고 싶은 생각도 들었다.

아내와 나는 서로 배운 언어로 대화하며 공부한 내용을 익혀갔다. 그리고 영상통화를 하면서 서로 사랑을 표현하고 애정을 쌓아나갔다. 난 가끔 국제결혼을 하고 나서 만약 영상통화를 못 했다면 어땠을까 하고 생각해본다. 사실 국제결혼 전에는 영상통화를 거의 해본 적이 없었다. 그런데 국제결혼 후 아내를 기다리는 7개월 동안 매일매일 영상통화를 했다. 영상통화가 아닌 그냥 통화를 했다면 정말 답답했을 것 같다. 요금에 대한 부담뿐 아니라 서로의 언어로 대화가 안 되니 그저 숨소리만 듣고 있어야 했을 것이다. 그리고 보고 싶은 서로의 얼굴을 못 보니 이보다 더한 그리움은 없을 것이다.

현지에서 결혼식을 올리고 나서 아내와 핸드폰 매장을 갔다. 핸드폰을 사고 처음으로 깐 어플은 카카오톡이었다. 아내와 나는 카카오톡으로 매일 영상통화를 했다. 언어로 충분한 표현이 안 되는 감정들은 이모티콘으로 표현했다. 그때 나눈 대화 내용을 보면 짧은 말을 제외하고 전부 이모티콘이었다. 만약 이모티콘과 영상통화로 서로에 대한 애정을 표현하고 쌓는 과정이 없었다면, 아내가 한국에 입국했을 때 굉장히 낯설었을 것 같다는 생각이 든다. 카카오톡을 개발한 김범수 의장은 자신이 개발한 어플이 국제결혼 커플들에게 크게 이바지하고 있다는 사실을 알고 있을지 모르겠다. 이 책을 통해 김범수 의장에게 짧게나마 감사한 마음을 전하고 싶다.

나는 지금 카카오톡을 홍보하거나 예찬하고자 하는 게 아니다. 하긴 카카오톡은 이미 크게 성장했으니 이런 말도 큰 의미는 없을 거 같긴 하다. 분명한 사실은 문명의 발전으로 만들어진 이 어플의 덕을 톡톡히 봤다는 것이다.

국내결혼과 달리 국제결혼은 결혼 후 입국하고 나서 7개월 정도 아내를 기다려야 한다. 이 기간은 짧아질 수도 늦어질 수도 있다. 그 기간 동안 신랑은 2가지를 잘해야 한다. 하나는 아내의 언어를 공부하는 것이다. 중요한 것은 잘하고 못하고가 아니라 '나도 당신을 위해 공부하고 있어요.'라는 태도를 보이는 것이다. 이러한 노력은 서로의 신뢰를 쌓아가는 데 큰 도움이 된다. 다른 하나는 영상통화를 자주 하고 충분히 표현하는 것이다. 아내는 나와 결혼했지만 아직 나에게 완전히 마음을 준 것이 아니다. 그저 나란 사람을 선택했다는 정도로 생각해야 한다. 이 말은 이제부터 사랑과 애정, 신뢰를 쌓아가야 한다는 뜻이다. 영상통화는 이러한 것들을 쌓는 데 좋은 도구이다. 자신이 표현력이 서툴고 무뚝뚝한 편이라도 이모티콘이나 영상통화로 아내에 대한 애정을 충분히 표현해야 한다. 신부의 나이가 대부분 어리기 때문에 한창 감수성이 예민할 때다. 말 한마디에 울고 웃는다. 영상통화에서 사랑과 애정이 넘치는 관계를 만들지 못한다면, 한국에 들어와서 좋은 관계를 기대하는 건 힘들 것이다.

6

나이 차이는 숫자에 불과하다!

국제결혼을 하는데 나이 차이가 중요할까? 이 부분은 나이 차이를 바라보는 관점에 따라 다양하게 나뉜다고 생각한다. 얼마 전 인터넷을 하다가 이런 질문이 올라온 것을 보게 되었다. 질문을 올린 사람은 36세의 남성이었다. 내가 국제결혼을 했을 때의 나이와 같아서 더 관심이 갔다. 이 남성은 15살 아래의 외국인 여성과 국제결혼을 했다. 결혼 뒤 남성은 아내와의 관계보다 나이 차이에서 오는 복잡한 감정에 답답함을 느낀다고 했다.

답답함을 느끼는 이유는 바로 사촌동생 때문이었다. 아내의 나이와 사촌동생의 나이가 같아, 한 번씩 마주하면 불편한 감정이 든다는 것이다. 나는 이 질문을 읽으면서 한 가지 생각이 떠올랐다. 과연 이 남성은 아내를 얼마만큼 아끼고 사랑하고 있을까?

국제결혼 하면 떠오르는 영화가 하나 있다. 바로 〈나의 결혼원정기〉라는 영화다. 영화배우 '정재영'과 '유준상'이 시골 노총각으로 나오는데, 이 둘은 우즈베키스탄 새댁을 보고 온 할아버지의 권유로 국제맞선을 보게 된다. 국제결혼 맞선을 주선하는 역할로는 배우 '수애'가 나온다. 이 영화를 언급하는 이유는 국제결혼 하면 떠오르는 이미지가 바로 이 남자배우들의 모습과 같기 때문이다.

나에게 국제결혼은 나이 먹은 시골 노총각이나 하는 느낌이었다. 하지만 요즘 추세는 그렇지만도 않다. 한국 여성들도 선호할 만한 화이트칼라 고직업군의 남성들도 국제결혼을 하고 있기 때문이다. 더군다나 이들의 나이는 30대 초반 40대 초반으로 예전에 비해 더 젊어졌다. 상황이 이렇다 보니 상대 국가 여성들의 눈높이도 자연스레 올라가고 있다.

눈높이가 높아진 상대국가 여성들이 가장 중요하게 생각하는 것은 무엇일까? 바로 남성의 나이다. 그 뒤로 보는 것이 외모와 직업순이다. 남성의 직업이 안정적이고 재산이 많더라도 나이가 많으면 마이너스로 작용하게 된다. 나이 차이는 신부가 승낙을 하더라도 집안의 반대에 부딪칠 수 있는 부분이기도 하다.

내가 국제결혼을 결심하게 된 이유는 사진 한 장 때문이라고 앞서 말했다. 그때 난 그 여성과 지금의 아내를 두고 고민을 했다. 사진 속 여성을 선택하자니 환하게 웃는 지금의 아내가 아른거렸고 사진 속 여성은 한국에서부터 마음속에 품고 있었기에 포기하기가 쉽지 않았다. 하지만 이런 고민은 다음 날이 되자 아무렇지도 않게 풀려버렸다. 사진 속 여성이 자리에 나오지 않은 것이었다. 나는 업체 사장님을 통해 오지 않은 이유를 확인해봤다. 그 이유는 부모님의 반대 때문이었다. 나는 왜 반대하셨는지 이유를 물어봤고 그 이유를 듣고는 바로 수긍했다.

여성의 부모님은 어떻게 생전 처음 보는 남자와 한 번 보고 결혼할 수 있냐며 반대하셨다고 한다. 따지고 보면 맞는 말이긴 하다. 한국에서도 딸이 처음 만난 남성과 결혼한다고 하면 찬성할 부모는 없을 것이다. 나는 사진 속 여성의 부모님이 반대한 이유에는 나이도 포함되었을 거라고 생각한다.

나와 아내의 나이 차이는 15살이다. 장인어른과 장모님과는 10살 이내 차이밖에 나지 않는다. 나는 한국에 입국하고 나서 이러한 사실을 주변에 말했다. 아니, 말했다기보다는 주변에서 많이 물어봤다. 나의 답을 들은 주변에 지인이나, 친구, 회사 사람들은 모두 같은 반응이었다. 처음엔 놀라다가 이내 농담 반 진담 반으로 '도둑놈, 땡잡았다'는 식으로 말했다. 그런 반응이 그리 싫지만은 않았다. 그래도 내 경우는 무난한 편이다. 내가 결혼한 비슷한 시기에 국제결혼을 한 다른 분들은 아내의 부모님보다 나이가 더 많은 경우도 있었다. 나중에 모임에 나가보니 내가 제일 막내였다. 일일이 물어보진 않았지만 신부들의 나이가 아내와 비슷한 점으로 보아 나이 차이가 비슷하거나 더 많을 거라는 생각이 들었다.

국제결혼은 왜 나이 차이가 생기는 걸까? 나이 차이가 나는 이유는 간단하다. 신랑들이 나이 먹고 나서 국제결혼을 하러 가기 때문이다. 젊었을 때는 젊은 혈기로 연애도 하고 술도 마시고 친구들과 놀러다니며 청춘을 보낸다. 30대에 들어서면 막상 연애하자니 귀찮고, 그렇다고 해서 연애를 시작하는 것이 그리 쉬운 일도 아니게 된다. 결혼이 필수가 아닌 선택 사항이 되어버린 사회 분위기도 한몫한다.

우리나라는 세계 10위권에 달하는 경제 강대국이다. 그에 비해 국제결혼을 하려는 여성들의 나라는 대부분 경제 후진국이이다. 더구나 자국 남성의 경제 능력이 떨어지고 미래를 보장받기 힘든 상황이다 보니 여성들이 국제결혼을 선택하는 것이다. 이러한 조건이 맞물리게 되어 나이가 많은 남성도 어린 여성과 결혼을 할 수 있게 된다. 상대 여성은 한국 남자의 나이가 많더라도 가족에게 도움을 줄 수 있기 때문에 나이 차이를 감내하는 것이다. 하지만 동남아 여성이라 해도 다 국제결혼을 하는 것은 아니다. 배경 좋은 집안에서 자라 4년제 대학까지 나온 여성은 굳이 국제결혼을 선택하지 않는다. 부족할 거 없는 20대 여성이 왜 나이 많은 한국 남자와 결혼하겠는가? 한국 여성이 15살 이상 나이 차가 나는 미국 남성과, 결혼하는 경우가 많지 않은 걸 보면 이해가 갈 것이다.

사실 나는 라오스를 가기 전 다른 나라 여성과 국제결혼 할 뻔했다. 처음엔 베트남 여성을 연결해주는 업체를 소개받았다. 이때도 마찬가지로 지금의 국제결혼을 연결해준 형님의 소개였다. 하지만 라오스를 갈 때와는 달리 베트남은 확신이 서지 않았었다. 여성의 사진을 보고 정한 것이 아닌 이유가 컸다. 그때 형님은 갈팡질팡하는 나를 설득하기 위해 나이에 대한 조언을 많이 했었다. 형님은 본업이 보험이지만 이 방면으로 잡다한 정보를 많이 알고 있는데 그 형님의 말에 따르면 이랬다. 36살, 네 나이에 가야 좀 더 괜찮은 신부를 만날 수 있다는 것이었다. 만약 3명의 신랑이 같이 갔는데 3명 모두 같은 신부를 선택하게 되면 선택권은 신부에게로 간다고 했다. 신부의 선택을 받을 가장 좋은 조건은 바로 나이라고 했다. 물론 한 명이 나이는 좀 많지만 부자거나 외모가 출중하다면 이야기가 달라지긴 한다. 하지만 국제결혼 시장에 그런 남성이 나올 확률이 극히 낮다는 점을 고려한다면 일리 있는 이야기였다.

베트남행 비행기는 다른 이유로 취소됐지만, 국제결혼 시 나이가 정말 중요하다는 사실을 깨닫게 되었다. 이 글을 보고 있는 당신의 나이가 40대 중반을 넘었다면 좀 더 서두르라고 말하고 싶다. 외모와 재산과 같은 다른 부분에 자신이 없다면 말이다. 사실 내가 내세울 수 있는 조건은 나이밖에 없었다. 나를 처음 본 여성은 우리 부모님이 얼마나 훌륭한 분이신지, 내가 얼마나 괜찮은 남자인지 알 수 없다. 이러한 것은 결혼 후에 알아가는 것이지 선택사항에 포함되는 것은 아니기 때문이다.

나이는, 마음에 드는 여성과 성혼될 가능성을 높이는 이유 외에도 중요한 이유가 더 있다. 나의 20대를 되돌아보면 한심하기 그지없다. 경제관념이라고는 눈곱만큼도 없었고 시간 쓰기를 물 쓰듯 썼었다. 뭔가 생산적인 자기계발을 하는 시간이 전혀 없었다. 돈이 좀 생겼다 싶으면 생각 없이 여기저기 써댔다. 만약 지금의 내가 20대의 나를 만난다면 귀가 따갑도록 잔소리를 해댈 것 같다. 내가 이 얘기를 왜 하는지 짐작이 가는가? 나의 20대와 지금의 나는 딱 아내와의 나이 차이다. 당신의 나이가 많아질수록 아마 어린 아내의 행동을 이해하기는 더 어려울 것이다. 나는 지금도 아내의 행동이 이해 안 될 때가 너무도 많다. 하지만 나의 20대도 이해가 안 되는 건 마찬가지다. 당신이 기억해야 할 점은 이것을 따로 보면 안 된다는 것이다. 자신의 20대 때 행동을 지금도 이해하지 못하면서, 아내에게만 이해할 수 있는 행동을 요구하는 건 너무 이기적인 거라고 생각하기 때문이다. 그래서 한 살이라도 젊을 때 가야 아내의 철없는 행동을 이해하기가 더 수월할 것이라고 본다.

나이 차이가 적다고 해서 잘사는 것도 아니고, 많다고 해서 못사는 것도 아니다. 나이 차이가 절대적인 조건은 아니라는 말이다. 중요한 건 나이와 상관없이 얼마나 사랑과 애정이 담긴 관계로 발전하는가이다. 만약 나이 차이로 인해 관계에 문제가 생긴다면 나이 차이를 바라보는 당신의 관점을 다시 한 번 점검해봐야 한다. 나이 차이가 절대적인 조건은 아니지만 분명 어느 정도 영향은 미친다. 영향을 미친다는 것은 사랑과 애정으로 바라보지 않고 철없는 아내로만 보는 게 아닌지 의심해봐야 한다는 의미이기도 하다.

7

국제결혼에는 프러포즈가 없다

프러포즈의 사전적 의미는 '제안하다', '청혼하다'이다. 인터넷에 프러포즈라는 단어로 검색을 하면 이벤트 업체들이 줄줄이 뜬다. 나는 이 업체들이 어떤 이벤트를 해주는지 궁금해 사이트를 한번 들어가보니 '요트에서 진행하는 프러포즈'도 있었고, '호텔이나 펜션에서 진행하는 출장 프러포즈'도 있었다. 그리고 아바타를 이용한 프러포즈도 있었는데 보는 내가 조금 오글거리는 느낌이 들었다. 가격대도 다양했다. 적게는 5만 원대부터 많게는 수십만 원의 프러포즈 상품이 있었다.

프러포즈는 왜 하는 걸까? 좀 더 정확하게 프러포즈 이벤트는 왜 하는 걸까? 이 문제에 대해서는 남녀의 입장 차이가 저마다 다르다. 대부분의 한국 여성은 결혼 전 프러포즈 로망을 갖는다. 자신을 여자친구 이상으로 생각하고 나를 위해 이벤트를 준비하는 남자를 보며 사랑을 확인하고자 한다. 그리고 그 이벤트가 레스토랑에서의 꽃다발, 촛불 등의 식상한 것이 아닌 참신한 것이길 바란다. 평생에 한 번뿐인 프러포즈라는 이유로 말이다. 반면 남자들의 입장은 다르다. 프러포즈를 하지 않아도 다 내 마음을 알거라고 생각한다. 물론 프러포즈하는걸 좋아하는 남자들도 있다. 이렇듯 프러포즈에 대한 생각이 저마다 다르기 때문에 이 문제는 풀리지 않는 수수께끼인 듯하다.

나 또한 20대에 만났던 여자친구에게 프러포즈 이벤트를 한 적이 있었다. 우리는 평소 가보지 않은 호텔 레스토랑에서 식사를 했다. 식사도 단일 메뉴가 아닌 코스 메뉴로 주문했다. 식사를 마치고 나서는 모텔로 향했다. 내가 준비한 이벤트를 보여주기 위해서 말이다. 나는 이벤트를 위해 미리 모텔방을 잡고 나서 풍선을 붙이고 촛불을 세팅해놓았다. 그런데 당시 뉴스에 나온 여자친구에게 이벤트하려고 촛불을 켜놨다가 불이 난 사고가 떠올라 촛불에 불은 붙여놓지 않기로 했다.

나는 여자친구에게 문 앞에서 잠시 기다리라고 했다. 이때는 여자친구도 이미 눈치를 챈 듯했다. 약간 김이 새긴 했지만 모텔에 불이 날까 봐

조마조마하는 것보다는 나았다. 나는 준비를 마친 뒤 문을 열었다. 그리고 내가 준비한 것들을 여자친구에게 보여주었다. 여자친구의 반응은 놀라움보다는 덤덤한 반응이었다. 사실 어느 정도 예상한 결과였다. 그래도 나는 준비한 것들을 꿋꿋이 해나갔다. 준비한 음악을 틀고 꽃다발을 들고 무릎을 꿇고 나서 나의 마음을 전했다.

국제결혼은 여러분이 생각하듯 프러포즈 과정이 없다. 아니, 있다고 해도 서로가 어색하고 민망할 것이라 생각한다. 나의 부모님 세대에는 프러포즈라는 개념도 없었다. 그저 집안이나 일가친척이 맺어준 맞선을 통해 결혼하는 게 전부였다. 그런 상황에서 프러포즈 이벤트는 상상도 못 했을 것이다. 예전에 TV에서 우리 부모님 나이와 비슷한 부부의 모습을 보았다. MC는 고생한 아내에게 사랑한다며 꽃다발을 전해주라고 남편에게 말했다. 그러자 남편은 굉장히 쑥스러워하며 마지못해 꽃다발을 준다. 평생 이런 걸 해본 적 없는 남자가 이런 반응을 보이는 것은 당연하다. 참고로 "우리 땐 이랬는데."라며 젊은이들에게 훈수두듯 꼰대처럼 이 말을 하는 게 아니다. 나는 프러포즈 이벤트에 대해선 각자가 생각하는 게 정답이라고 생각한다. 오해 없길 바란다.

국제결혼을 하면서 프러포즈 생각도 안 했지만 만약 했다면 어땠을까? 일단 빡빡한 일정과 습하고 더운 날씨 때문에 체력적으로 힘이 든다. 그런데 그런 상황에서 프러포즈를 할 정도라면 신부한테 완전 반한 상태여야 할 것이다. 완전히 반했다는 가정하에 호텔방에서 열심히 이벤트를 준비한다. 문에서부터 침대까지 촛불로 길을 만든다. 그러고 나서 침대 위에 꽃잎과 촛불로 하트를 그려놓는다. 신랑은 신부의 눈을 가리고 준비한 이벤트 보여준다. 신부가 이벤트를 보고 좋아한다면 처음부터 신랑이 마음에 들었을 확률이 높다. 만약 신부가 이벤트를 보고도 어색한 웃음을 짓거나 당황한 기색이라면 신랑이 아주 마음에 들어 결혼을 결정한 건 아니라고 볼 수 있다. 이때 서로 민망해지는 상황이 된다. 신랑은 애써 프러포즈 이벤트를 준비했는데 반응이 시원찮으면 실망하게 되고, 그렇다고 신부의 잘못이 있는 것도 아니다. 신부는 이런 이벤트도 낯설고 신랑도 아직 낯설기 때문에 그럴 수 있는 것이다.

나는 프러포즈 이벤트는 일정한 기간을 사귀고 있는 남녀가 사랑이 무르익었을 때 하는 게 좋다고 생각한다. 국내결혼은 이런 과정이 있기 때문에 여성은 남편이 될지도 모를 남자친구에게 프러포즈를 원하는 것이다. 그냥 '결혼하자'가 아닌 오래도록 기억에 남는 특별한 경험으로 말이다. 여자는 나를 사랑한다면 이 남자가 어디까지 준비하는지 보고 싶은 것이다.

국내결혼은 서로 호감을 갖고 만난 후 알아가는 과정이 있지만, 국제결혼은 만나서 결혼까지 3~4일 안에 끝낸다. 그런 과정 속에서 상대 국가 여성이 이벤트를 생각이나 할까? 사람은 자신이 관심과 애정을 쏟은 사람한테만 기대감을 갖는다. 부모가 자식한테 기대하는 것, 연인이 서로에 대해 기대하는 것은 다 이런 이유에서이다.

신부는 신랑을 만난 지 하루 이틀밖에 되지 않았으니 아무것도 기대하는 게 없다. 자신이 아직 신랑에게 관심과 애정을 투입한 게 없거나 많지 않기 때문이다. 결혼 후 신부가 한국에 입국하면 여러 가지 이유로 다투기도 하고 울기도 한다. 그리고 소소한 일상을 보내며 애정과 사랑을 쌓아가게 된다. 부부는 '희로애락'의 과정을 겪으며 신부는 신랑이 '이런 걸 해줬으면 좋겠다'는 기대감을 갖기 시작한다. 신랑과 일상을 보내며 여러 감정이 생기고, 남편으로서 완전히 자리매김하기 때문이다.

프러포즈 이벤트는 선택사항이다. 본인이 신부를 많이 사랑하고 이벤트로 그 마음을 전하고 싶다면 그렇게 하면 된다. 다만 현지에서 하는 것은 권하지 않는다. 서로 별 감흥이 없을 확률이 크기 때문이다. 한국에서 1년 정도 살면서 지지고 볶고 하다가 이벤트 한 번 해준다면 그때 감동이 더 클 거라고 생각한다.

국제결혼을 하는 남성들의 나이를 고려할 때 프러포즈 이벤트를 생각하는 신랑은 많지 않다고 생각한다. 나 또한 프러포즈 이벤트 하는 것을 좋아하진 않는다. 솔직히 별 필요성을 못 느낀다. 하지만 이 글을 보고 있는 당신에게 이 말은 꼭 전하고 싶다. 다른 건 다 못 챙겨도 아내의 생일은 꼭 챙겨라.

아내가 한국에 입국한 후 나의 생일을 물은 적이 있었다. 나는 평소 생일에 별 관심이 없는 사람이었다. 오죽하면 내 생일을 엄마 전화를 통해 확인하는 게 전부였다. 그렇기 때문에 누구의 생일을 챙기는 것도 잘 못 한다. 그런데 국제결혼을 하고 나니 아내의 생일을 챙겨주고 싶다는 생각이 들었다. 특별하거나 대단한 건 아니었다. 그저 맛있는 거 먹고 옷을 사주는 것만으로도 아내는 좋아했다. 선물을 준비하지 못 했을 땐 케이크로 대신했다. 직접 촛불을 켜고 생일축하 노래를 불러주면 아내는 행복해했다. 그렇게 생일축하를 받은 아내도 나의 생일을 축하해주었다. 나도 모르게 생일케이크를 사놓고서는 퇴근시간에 맞춰 촛불을 켜고 생일축하를 해주었다. 케이크과 함께 생일축하를 받는 게 참 오랜만이었다. 순간 '이래서 여자들이 프러포즈 이벤트를 원하나?' 싶은 생각이 들었다.

아내는 생일뿐 아니라 화이트데이 때도 나에게 사탕을 선물했다. 이런 이벤트는 다 상술이라 여겼던 나는 막상 사탕을 받으니 기분이 좋았다.

아마도 그 사탕에서 아내의 사랑을 느꼈기 때문일 것이다. 사랑은 마음속에만 감춰두면 의미가 없다. 우리는 상대방이 나를 얼마나 사랑하는지 알 수 있는 초능력자가 아니기 때문이다. '사랑해요'나 '고마워요'라는 말을 마음속에만 품지 말고 매일 아내에게 해주어야만 한다. 나는 이런 따뜻한 말 한마디가 현지에서의 프러포즈 이벤트보다 더 가치 있다고 생각한다. 그리고 아내 생일 때 소소한 이벤트로 그 마음을 전한다면 아내는 더 큰 사랑을 느낄 것이다.

8

국제결혼에는 공부가 반드시 필요하다

제목을 읽자마자 또 무슨 공부냐며 푸념을 하는 분들이 있을지도 모르겠다. 나 또한 공부를 좋아하지도 않고 잘하지도 못했다. 그럼에도 '공부'라는 단어를 넣은 이유는 결혼이 인생에서 그만큼 중요한 부분이기 때문이다. 더군다나 국제결혼이라면 더 신중을 기하고 공부해야 하지 않겠는가? 그래도 숫자가 들어간 공부가 아니니 다행이라 생각한다.

공부라고 해서 긴장하거나 걱정할 필요는 없다. 이 글을 읽고 있다는 것 자체가 이미 공부를 시작한 것이니 말이다. 이 책의 내용을 충분히 이해하고 습득한다면 당신은 장학생이 된 거나 마찬가지다.

앞서 말했다시피 처음에 나는 국제결혼을 라오스가 아닌 베트남으로 갈 뻔했다. 그때 베트남행 비행기가 취소되었는데 당시의 상황을 지금부터 찬찬히 풀어보겠다.

형님으로부터 소개를 받은 분은 업체를 운영하는 사장님이 아닌 소속된 중개인이었다. 40대 후반의 여성으로 첫인상은 평범한 주부 같았다. 우리나라 아주머니들이 말수가 많다는 것쯤은 알고 있지만 이분은 특히나 말씀이 많았다. 듣고만 있었던 기억이 대부분이다. 그런데 중개인이 해주는 말들이 이상하게 마음에 와닿지가 않았다. 중개인이 해주는 말은 나를 이해해주기보다는 본인이 하고 싶은 말을 하는 느낌이 강했다.

내가 걱정하는 것은 2가지였다. 하나는, 국제결혼을 하러 간다는 사실을 부모님께 말을 해야 하나 말아야 하나 하는 것이었다. 중개인은 말을 하지 않고 가는 편이 낫다며 자신이 성혼시킨 신랑도 사실을 알리지 않고 현지에 가서 부모님께 통보했다고 전했다. 중개인이 이런 주장을 한 이유는 간단했다. 자신의 경험상 말을 하면 집안의 반대가 있을 수 있고 반대에 부딪힌 신랑은 크게 마음먹고 결정한 국제결혼을 반대 때문에 포기하게 된다는 것이었다.

다른 하나는, 내가 정말 마음에 드는 신부를 만날 수 있을지였다. 라오스로 가게 된 결정적 이유는 사진 때문이었다고 앞서 말했다. 그러나 이 중개인은 여성의 프로필을 나에게 거의 제공하지 않았다. 몇 장의 사진을 본 게 전부였다. 사실 사진 속에는 내가 원하는 느낌의 여성은 없었다. 그래서였을까. 중개인은 한국에서 선택하기보다 현지에 가서 한번 보기를 더 권했다. 일단 가서 보면 생각보다 미모의 여성이 많아 깜짝 놀랄지도 모른다며 자신이 성혼시킨 신랑의 아내 사진을 나에게 보여줬다. 사진 속 여성은 미모가 상당히 출중했다. 그래서였는지 중개인의 말이 허풍만은 아니라는 생각이 들었다.

지금 와서 생각해보면 중개인은 중개를 한다기보다 영업을 한다는 느낌이 강했던 거 같다. '인륜지대사'인 결혼을, 그것도 국제결혼을 현지 가서 부모님께 통보한다는 발상은 나로선 이해가 되지 않았다. 신랑이 국제결혼을 포기하게 될 것을 염려했다기보다 자신의 실적이 날아갈 것을 염려했다는 생각을 지울 수 없다.

국제결혼을 선택하는 신랑들이 신부의 미모를 보는 것은 당연하다. 누구나 예쁜 신부와 결혼하길 원한다. 나 또한 처음 국제결혼을 생각할 때 모델 같은 여성을 상상했다. 지금은 모델과 같은 여성과 결혼하지 않았다는 사실에 감사한다. 그리고 국제결혼에는 모델과 같은 신부가 나오지도 않는다. 그렇게 잘나고 예쁘면 현지에서도 괜찮은 남자들이 줄을 서는데 왜 국제결혼해서 타국으로 오겠는가. 중개인은 이런 현실과 객관적인 사실을 토대로 신랑에게 조언해주어야 한다. 그저 괜찮은 신부들이 널려 있다는 환상을 심어주어선 안 된다.

베트남 국제결혼 중개인은 부담스러울 정도로 나에게 호의를 베풀었다. 그 중개인과는 소개한 형님과 셋이서 보는 경우가 종종 있었다. 서류 준비 때문에 본 적도 있었고, 그저 같이 식사하며 본 적도 있었다. 처음 1~2번 중개인이 식사를 사는 것은 부담이 되지 않았다. 그런데 그 횟수가 4번 이상 넘어가자 점점 불편해졌다. 식사를 마친 후 카페에서 커피값도 항상 먼저 계산했다. 한번은 얻어먹기만 하는 게 너무 불편해서 커피라도 사려고 하자 빛보다 빠른 속도로 나를 제지했다.

나는 '도대체 한 번 성혼시키면 얼마나 남아서 이렇게 매번 사나.' 하는 생각까지 들었다. 사람에 따라 다르겠지만, 나는 누군가에게 특별한 이유 없이 뭔가를 대접받으면 불편함을 느낀다. 1~2번은 괜찮지만 그 이상은 안 된다. 친구를 만나도 이번에 친구가 밥을 사면 다음엔 내가 사는 이런 관계가 좋다. 그런데 그 중개인은 일방적으로 사기만 했다. 물론 본인보다 어린 사람에게 뭔가를 받는 게 불편해서 그럴 수도 있고 그것이 자존심과 연결되어 있을 수도 있다. 그러나 그것은 본인만 생각하는 행동이지 않나 싶다. 차라리 1~2번 밥 먹었으면 이런 감정도 없었을 것 같다. 그 중개인이 매번 사는 밥과 커피, 이런 것들이 나에게는 꼭 국제결혼을 하러 가야 한다는 암묵적인 메시지와 같았다. 중개인을 만나고 나면 항상 뭔가 찜찜함이 남았다. 화장실에서 볼 일을 보다 말고 나온 기분이랄까, 개운하지가 않았다. 시간이 지날수록 걱정만 더 늘어갔다. 그리고 얼마 뒤 그 기분의 출처를 확인할 수 있었다.

국제결혼을 결정하고 출국하기 전 출입국관리사무소에서 우편이 와 있었다. 국제결혼 안내 교육을 받으라는 내용이었다. 나중에 알게 된 내용이지만 출입국관리사무소에서는 국제결혼을 하려는 남성들을 대상으로 안내 교육을 하고 있었다. 우편을 확인한 후 처음으로 출입국관리사무소를 찾았다. 그곳에는 나보다 한참 나이가 많은 분들도 꽤 있었다. 그 모습을 보고 있자니 기분이 이상했다.

얼마 지나지 않아 관리소 직원분의 안내로 교육이 시작되었다. 교육의 내용은 국제결혼 관련 법령과 피해 예방에 관한 것이었다. 그중 나의 이목을 사로잡은 것은 피해 예방 가이드 교육이었다. 국제결혼 피해 예방을 위해 계약서 내용을 꼭 확인하라고 했다. 그리고 약관의 내용이 계약서에 충분히 반영되었는지도 확인하라고 했다. 그 내용을 듣고는 '아차' 싶었다. 왜냐하면 그때까지 계약서를 쓰지 않았기 때문이었다. 나는 교육받는 도중 화장실 간다고 나와 바로 형님께 전화를 했다. 계약서 작성을 하지 않았다는 사실에 형님도 놀란 듯한 반응이었다. 형님은 당연히 계약서 작성했던 거 아니냐며 나에게 되물었다. 계약서 작성이 안 되었단 사실을 확인한 형님은 바로 그 중개인에게 전화를 했다. 그리고 얼마 뒤 나에게로 다시 전화가 왔다.

형님은 지금이라도 그냥 취소하라고 했다. 자신은 믿고 소개해줬는데 일처리가 마음에 들지 않는다는 게 이유였다. 그다음 날 나는 중개인에게 전화를 했다. 나는 국제결혼에 대한 확신이 서지 않아 취소했으면 한다는 뜻을 전했다. 중개인은 아쉬운 듯 나를 설득하려했지만 이내 나의 뜻을 받아들였다. 그렇게 베트남행 비행기는 취소가 되었다.

그 중개인이 나에게 일부러 사기 치려고 계약서 작성을 안 한 건 아니라고 생각한다. 나중에 계약서 작성을 하려 했다고 해명했지만, 그 시점이 상당히 애매했다. 그렇다고 나쁜 점만 있었던 건 아니다. 현지에 가서 어떤 질문을 하고 어떻게 판단해야 할지 나름 꼼꼼히 설명해주었다. 그분의 소개로 잘 살고 있는 국제부부들도 꽤 있었다. 다만 그분은 나와는 맞지 않았다. 그리고 결정적으로는 편한 사이로 가려는 컨셉에 치우쳐 계약서 작성 시점을 놓치는 실수를 저질렀다.

국제결혼도 공부해야 한다고 해서 법령까지 꿰뚫고 있을 필요까진 없다. 나도 모르는 상태에서 국제결혼 했기에 "공부 많이 하세요."라고 말할 자격도 못된다. 사실 진정한 공부는 삶 자체라고 생각한다. 자신의 삶을 진지하고 소중하게 생각한다면 모든 것을 허투로 보지 않을 것이다. 자신의 삶을 꼼꼼하게 바라본다면 업체를 선정하는 일, 중개인을 바라보는 관점도 자연스레 꼼꼼해질 것이다. 대충 사는 사람은 모든 것이 다 대충이다. 그런 사람이 국제결혼을 한다고 해서 갑자기 꼼꼼한 사람이 되는 것은 아니다. 나는 이 글을 읽는 당신이 대충 국제결혼 하길 바라지 않는다. 국제결혼에 관심이 있고 하고는 싶은데 자신이 없다면 010 · 2724 · 1919로 문자나 전화를 하면 된다. 나에게 도움을 구하면 당신의 성공적인 국제결혼을 위해 최선을 다하겠다.

3 장

결혼은 환상이 아니라 현실이다

1

나와 마주한 아내는 어디로 갔나

핸드폰 속 사진을 보던 중 동영상을 발견했다. 아내와 맞선 봤을 때의 영상이었다. 나는 오랜만에 찍어둔 영상을 다시 보았다. 영상을 보는 내내 첫 느낌의 기억과 감정이 새록새록 올라왔다. 아내는 너무도 예뻤다. 눈은 마치 흑진주처럼 까맣고 깊게 빛났다. 나를 보며 미소 짓는 모습을 보니 어느새 입꼬리가 올라가 있었다.

현지에서 결혼하고 아내와 같이 시간을 보낼 때까지만 해도 모든 게 다 예뻐 보였다. 그때는 콩깍지에 씌었다는 것조차 몰랐었다. 아마도 신이 상대에게 반하면 한동안 단점은 안 보이도록 일부러 만드신 게 아닐까 하는 생각이 들었다.

2018년 7월 아내가 한국에 입국하는 날이 밝았다. 나는 아내를 마중하기 위해 새벽 버스를 타고 인천공항으로 향했다. 7개월 정도 영상통화만 하다가 드디어 아내를 만난다고 생각하니 두근거리고 설레었다. 비행기 도착 예정 시간은 7시였다. 업체 사장님에게 입국수속을 밟고 나서 늦으면 9시에 나올 거라고 들었다.

나는 생각보다 오래 걸려서 이유를 물어봤다. 원래 계획은 현지 직원과 같은 비행기를 타고 오는 것인데 좌석이 없는 바람에 혼자 와야 해서 늦어질 수 있다고 말해주었다. 나는 국제결혼을 하러 가면서 생전 처음 비행기를 탔다. 아마 혼자서 표 끊고 가라고 했으면 엄청 헤맸을 것이다. 아내 또한 처음으로 비행기를 타고 오기 때문에 헤매지는 않을까 걱정이 됐다.

현지 직원은 아내보다 먼저 나왔다. 나의 맞선 때 통역도 하고 여러 가지 일을 봐줬던 터라 반갑게 인사했다. 그리고 나는 아내가 잘 나오고 있는지 걱정된다고 전했다. 그러자 직원은 아내에게 영상통화를 걸었다. 라오스어로 대화했기 때문에 알아들을 수는 없었지만, 대략 조금 헤매고 있는 듯한 모습이었다.

아내는 장장 2시간을 넘기고 나서야 나왔다. 나는 오래 기다리다 나와서 그런지 더 반가운 마음이 들었다. 그런데 희한한 건 그렇게 매일 영상통화를 했는데도 막상 마주하니 어색한 느낌이 들더라는 것이다. 마치 오랫동안 편지로만 주고받던 펜팔을 직접 만났을 때와 같다고나 할까. 그렇다고 불편한 어색함은 아니었던 것 같다.

아내는 캐리어 하나, 비닐봉투 하나를 들고 있었다. 타국에 온 사람치곤 참 간소한 짐이었다. 캐리어 안에는 옷이 들어 있을 거라 짐작했지만, 비닐봉투는 짐작이 가지 않았다. 나는 아내에게 비닐봉투 안에 있는 게 뭐냐고 물어봤다. 아내는 수줍은 듯 웃으며 할머니께 드릴 과자라고 설명했다. 내가 어렸을 때 고모나 삼촌은 명절 때 집에 오시면서 네모난 과자선물세트를 사오셨다. 아내가 준비한 과자 상자를 보니 따뜻한 마음이 느껴졌다.

아내와 나는 고속버스에 몸을 실었다. 광주까지는 4시간 가까이 걸리니 눈 좀 붙이라고 말해줬다. 아내는 이내 나의 팔을 꼭 붙잡고는 머리를 어깨에 기댔다. 이제 누군가를 책임져야 하는 가장이 된 게 실감이 나는 순간이었다.

버스를 타고 한 시간 정도 달렸을까 저절로 눈이 떠졌다. 그때까지도 아내는 새근새근 잠자고 있었다. 나는 아내의 사랑스러운 얼굴을 찬찬히 보기 시작했다. 눈, 코, 입술을 순서대로 내려다보았다. 그러다가 나의 시선이 한곳에 머물렀다. 아내의 코 밑이었다. 라오스에 있었을 때도, 영상통화를 할 때도, 보지 못했던 잔 수염이 보였다. 예전에 호감을 갖고 있던 여자의 코밑 잔 수염을 보고 깼던 기억이 떠올랐다. 나의 시선이 머무른 곳은 또 있었다. 아내의 턱이었다. 라오스에 있을 땐 없던 턱살이었다. 그러고 나서 나는 자동으로 아내의 다리를 보았다. 아내의 다리가 이렇게 튼실했나 할 정도로 느낌이 달라져 있었다.

왜 이런 점들이 라오스에서는 보이지 않다가 지금 보일까 생각했다. 라오스에서도 충분히 가까이 마주하며 시간을 보냈는데도 말이다. 물론 이런 점들 때문에 나의 선택을 후회하거나 아내에 대한 사랑이 변했다는 것은 아니다. 다만 현지에서도 충분히 보일 수 있는 점들이 그제야 보인다는 게 놀라울 따름이었다.

시간이 지날수록 아내는 첫 이미지와는 다른 모습을 보여주었다. 아내는 소녀 같았다. 수줍음 많은 소녀, 해맑은 미소의 소녀. 지금도 가끔 이런 모습을 보일 때가 있지만 상반된 모습을 보일 때가 많다.

아내는 친구가 많은 편이다. 여자뿐 아니라 남자친구들도 고루고루 있다. 그래서 친구들과 통화하는 모습을 자주 보는데 목소리 크기가 장난이 아니다. 나는 아내의 목소리가 이렇게 클 줄은 몰랐다. 여자친구들끼리 통화하면 짧아도 30분이다. 아내가 한 시간 정도 웃고 떠들며 통화를 하고 나면 귀가 얼얼해진다.

아내는 큰 목소리만큼이나 행동에도 거침이 없다. 애정 표현을 하다 보면 이게 애정을 표현하는 건지 레슬링을 하자는 건지 분간이 안 될 때가 있다. 한번은 헤드록에 제대로 걸려 사레가 들려 기침을 꽤 했던 적도 있었다.

이런 경험을 하고 나면 내가 그때 본 수줍음 많은 소녀는 내숭이었다는 생각이 들기도 한다. 아내 같은 경우 그 차이가 크게 나서 좀 당혹스럽기도 했다. 그렇다고 아내의 거침없는 성격과 행동이 나를 당혹스럽게만 한 건 아니었다. 8월에 시골집을 갔을 때였다. 마침 집에서는 고추 수확 때문에 일손이 부족했다. 고추 따는 일은 농사일 중에서 가장 힘들다고 할 정도로 고된 작업이다. 아마 해본 사람은 알 것이다. 특히나 더운 여름에 수확해야 해서 새벽 일찍 나가 정오가 되기 전까지 일을 마쳐야 한다.

부모님은 아내가 한국 온 지 얼마 되지도 않았고 힘들기 때문에 집에 있으라고 하셨다. 나 또한 온 지 얼마 안 된 아내에게 일을 시키고 싶지 않았다. 나는 아내에게 이러한 이유를 설명하며 그냥 집에서 쉬고 있으라고 말했다. 하지만 아내는 집에 혼자 있고 싶지 않다며 같이 가겠다고 고집을 부렸다. 나는 아내의 고집을 꺾기 힘들 거 같아 그렇게 하도록 두었다.

엄마는 이런 아내를 보며 고추 따는 일은 해봤냐고 물으셨다. 아내는 웃으면서 "아니요."라고 대답했다. 옆에 계시던 아버지는 허허 웃으셨다. 아버지는 그런 아내가 귀여우셨는지 그냥 옆에서 구경하다가 나르는 것만 좀 거들어달라고 하셨다.

고추밭에 도착하니 안개가 살짝 껴 있었다. 아직까진 선선했기에 빠르게 일을 시작했다. 아버지는 고추 딸 때 다리 아프지 말라고 의자를 따로 사두셨다. 나는 의자에 고추 담을 포대를 끼우고 앞으로 밀고 나갔다. 의자 덕분에 이전보다 고추 따는 게 좀 더 수월한 느낌이 들었다. 이런 모습을 지켜보던 아내는 자기도 하겠다며 포대를 가지고 왔다. 아버지는 그런 모습이 기특하게 보였는지 따기 시작할 위치를 말해주셨다. 그리고 어떻게 따는지도 시범을 보여주셨다. 고추를 따다 보면 고추나무에 가려서로 얼마만큼 따고 앞으로 나가는지 잘 보이지 않는다. 그저 자기 눈앞에 놓인 고추를 따고 나갈 뿐이었다.

부모님은 매번 하시는 일이라 그런지 속도가 빨랐다. 내가 반 포대 정도 따면 이미 한 포대를 다 채우셨다. 나는 나름 빨리 한다고 했지만 여전히 부모님보다 속도가 느렸다. 그렇게 반 포대가 조금 넘었을 무렵, 나는 아내가 잘하고 있는지 궁금했다.

나는 아내에게 말을 건넸다. "혜영, 잘하고 있어?" 아내가 말했다. "네~에." 아내의 말을 듣고서 얼마나 땄는지 궁금해 곁으로 한번 가보았다. 그런데 도착하기 전부터 고추 따는 소리가 예사롭지 않았다. 소리의 간격이 촘촘했다. '설마 나보다 많이 따진 않았겠지.' 그 생각은 여지없이 빗나갔다. 아내의 고추 포대는 이미 반을 넘어 거의 다 차 있었다. 나는 엄마에게 와서 한번 보시라고 했다. 엄마도 아내가 따놓은 고추 포대를 보고 사뭇 놀라셨다. 엄마 또한 아내가 잘할 거라 예상하지 못하셨기 때문이었다.

이날 아내는 나보다 3포대나 더 많은 고추를 땄다, 아버지와 거의 맞먹는 숫자였다. 엄마는 나중에 우스갯소리로 라오스에서 아내를 데려온 게 아니라 일꾼을 데리고 왔냐는 말씀을 하셨다. 실제로 아내는 고추뿐 아니라 다른 농사일도 나보다 빠른 손놀림을 보여주었다. 때론 엄마보다도 빨랐다. 그 모습을 본 뒤로는 아내가 다르게 보였다. 튼실한 다리가 든든한 버팀목처럼 보였다. 머슴 같은 아내의 발은 너무도 사랑스럽게 다가

왔다.

아내를 처음 보았을 때와 살면서 접하는 느낌은 완전히 달랐다. 처음엔 미소에 반해 결혼했지만 이내 보이지 않던 단점이 보이기 시작했다. 그 단점은 처음 마주한 모습과 비교가 되었다. 하지만 처음 본 모습은 아내의 극히 일부분이라는 걸 나중에야 알게 되었다. 그 모습은 사랑스러울 때도 있었고 짜증나거나 당혹스러울 때도 있었다. 난 가끔 아내와 다투고 나면 처음 만났을 때를 떠올리며 그때의 아름다운 미소를 다시 느껴본다. 다행히 그 미소는 지금도 변함이 없다. 내가 마주한 아내는 어디로 간 게 아니라 여전히 그대로다.

2

한식은 없고 쌀국수가 웬 말

〈한국인의 밥상〉은 내가 좋아하는 프로그램 중 하나이다. 화면 속에 나오는 음식을 보고 있으면 그 속에 담긴 정성과 향수를 느낄 때가 많다. 그리고 예전에 먹었던 음식의 추억도 떠오른다. 나는 어릴 때부터 된장을 유난히 좋아했다. 오죽했으면 초등학교 때 된장이 먹고 싶어 장독대 뚜껑을 열고 수저로 퍼먹었을 정도이다. 시골집 가서 엄마가 끓여주신 된장찌개나 청국장을 먹을 때면 엄마는 옛날 이야기를 하시며 "네가 할아버지를 닮아서 된장을 좋아한다."라고 말씀하신다. 엄마는 이런 날 보며 '영감'이라고 하셨다. 행동이나 식성이 할아버지를 닮아서 종종 이렇게 부르셨다. 한국 사람이라 당연한 소리지만 난 한식이 참 좋다. 엄마가 음식 솜씨가 좋으셨기 때문인 게 가장 큰 이유일 것이다.

아내가 한국에 도착한 날 해준 음식은 쌀국수였다. 공항에서 출발해 광주에 도착했을 땐 아직 저녁 전이었다. 나는 아내가 한국까지 오느라 피곤했을 것 같아 저녁을 나가서 사먹자고 했다. 그런데 아내는 자기가 음식을 해주겠다며 마트를 가자고 하는 것이었다. 사실 아내는 라오스에 있었을 때 봉사단체에서 한국 음식을 배웠다. 그때 배운 김밥과 김치찌개 사진을 나에게 보내주었는데 나름 맛있어 보였던 기억이 떠올랐다. 나는 아내가 마트를 가자는 이유가 이때 배운 음식을 해주려는 것이라 생각했다.

마트에 도착한 뒤 아내는 재료를 찾기 시작했다. 나는 김밥과 김치찌개에 들어갈 재료를 알고 있었지만 일부러 지켜보았다. 그런데 아내는 나의 생각과는 달리 의외의 재료를 집어 들었다. 그건 다름 아닌 등갈비였다. 순간 나는 엄마가 해주신 등갈비가 떠올랐다. 명절 때면 엄마는 등갈비를 해주셨다. 우리 식구뿐만 아니라 친척들도 오면 다들 엄지를 치켜세울 정도로 엄마의 요리는 정말 맛있었다. 나로선 등갈비로 아내가 어떤 음식을 하려는지 전혀 예상이 되지 않았다. 그래서 아내에게 물어보았다. 아내는 등갈비로 나에게 쌀국수를 해주려고 한다고 말했다. 갑자기 등갈비가 아깝게 느껴졌다. 하지만 피곤한 상태서도 음식을 해주려는 아내의 마음이 고맙게 느껴져 내색하지는 않았다.

집에 도착하자마자 아내는 음식을 하기 시작했다. 양념이 마땅치 않았지만 부족한 대로 그럭저럭 음식을 해나갔다. 음식하는 모습을 보고 있으니 1~2번 해본 솜씨는 아니었다. 자주 음식을 해본 손놀림이었다.

아내는 등갈비 삶은 물을 육수로 사용했다. 거기에 베트남 고추를 다져서 넣은 뒤 상에 올려놓았다. 향은 썩 맛있게 느껴지지 않았지만 아내의 모습만은 사랑스러웠다. 나는 아내에게 잘 먹겠다고 말했다. 그러고 나서 국물을 한 모금 떠먹었다. 생각보다 간이 세지 않았다. 살짝 느끼했지만 매운 고추 덕분에 나름 괜찮았다. 나는 아내에게 맛있다고 말했다. 살짝 긴장하고 있었던 아내도 나의 반응을 보더니 안심을 했다.

이날 아내가 해준 쌀국수는 다 먹지 못했다. 그건 아내도 마찬가지였다. 살짝 느끼하다고 생각했지만, 먹을수록 그 느끼함이 점점 심해졌기 때문이다. 등갈비 쌀국수는 이날 이후로 자취를 감췄다. 나는 아내가 해준 첫 음식을 먹던 날 된장찌개가 너무 그리웠다. 구수하고 개운한 엄마의 된장찌개가 먹고 싶었다. 하지만 아내가 상처받을까 봐 이런 걸 표현하지는 않았다. 어쩌면 아내도 도착하자마자 쌀국수가 먹고 싶어서 한 것이 아닐까 생각했다.

한국 사람들이 좋아하는 메뉴 중 1등은 아마 삼겹살일 것이다. 회식 때도 삼겹살, 일 끝나고 친구들과도 삼겹살, 송별회 때도 삼겹살. 이 정도면 한국은 삼겹살 공화국이라 해도 될 것 같다. 오죽하면 삼겹살데이도 있지 않은가. 나 또한 삼겹살을 아주 좋아한다. 지금은 불을 붙이기 귀찮아서 안 하지만 예전에 시골집 가면 숯불에 삼겹살 파티도 종종 했다.

우리 부부는 종종 외식을 한다. 최근 들어서는 일주일에 한 번씩은 꼭 하는 것 같다. 아내와 외식하러 나가면 메뉴는 면이나 국물 요리 아니면 분식이 주를 이룬다. 지난주에는 샤브샤브를 먹으러 갔다. 처음에는 마라탕을 먹으려고 했는데, 아내의 눈에 샤브샤브집이 맛있어 보였는지 메뉴를 변경하게 되었다. 샤브샤브 식당 앞에는 사람들이 대기를 하고 있었다. 아내는 단박에 여기가 맛집이라 사람들이 많다는 사실을 알아챘다. 나 또한 샤브샤브를 좋아하진 않지만 사람들이 많아 조금 기대가 되었다.

샤브샤브는 종류가 여러 가지 있었다. 소고기도 있었고 버섯 모듬과 해물도 있었다. 아내는 해물이 먹고 싶다고 했다. 나는 아내의 의견대로 해물을 선택했고 순서를 기다렸다. 그리고 20분이 채 안 되어서 자리가 났다. 자리에 앉자마자 음식은 빠르게 세팅되었다. 이전에도 아내와 나는 샤브샤브를 먹으러 간 적이 있었다. 그땐 소고기 샤브샤브였는데, 고기는 거의 내가 다 먹었다. 사실 아내는 샤브샤브를 먹을 때 거의 채소만 먹는다. 채소로만 배를 채운다고 말할 정도로 많이 먹는다. 이번에도 아내는 채소부터 먹기 시작했다. 나는 해물을 순서대로 데친 후 아내에게 건넸다. 해물 샤브샤브는 생각보다 맛이 없었다. 해물 상태도 그다지 좋아 보이지 않았다. 더구나 양도 많지 않았다. 아내는 맛있게 먹었지만 내 머릿속엔 삼겹살만 떠올랐다.

아내는 내가 삼겹살을 먹자고 하면 고개를 흔든다. 시골집을 가도 삼겹살을 구우면 많이 안 먹는다. 최근에 아내와 길을 걷다가 사람들이 붐비는 삼겹살 집을 발견했다. 나는 아내가 사람들이 많은 모습을 보면 생각을 바꾸지 않을까 하는 느낌이 들었다. 그래서 아내에게 손가락으로 식당을 가리키며 저 집 맛있겠다고 떠보았다. 하지만 이번에도 아내는 얼굴을 찌푸리며 고개를 저었다.

아내가 좋아하는 음식을 보면 공통점이 있다. 그것은 맵거나 국물이 있고 채소가 많다는 점이다. 삼겹살은 불판에 굽다 보니 국물과는 거리가 멀다. 채소에 싸먹기는 하지만 아내는 채소를 국물에 데쳐먹는 걸 더 선호한다. 이것은 라오스의 음식 문화와도 연결된다. 라오스에는 구워 먹는 음식이 거의 없다. 대중적으로 알려진 것은 쌀국수와 볶음밥이다. 한국 사람들에겐 생소하지만 아내가 좋아하는 라오스 음식으로 '쏨땀'이 있다. 절구에 고추, 마늘, 생선 젓갈을 넣고 만든 소스에 쌀국수나 파파야를 비벼먹는 음식이다. 한번 먹어보았는데 내 입맛에는 맞지 않았다. 아내는 이런 음식만 먹어왔고 좋아하다 보니 불판에 굽는 삼겹살을 안 좋아하는 건 당연하다는 생각도 든다.

나는 외식할 때 선택권을 아내에게 준다. 고향이 그리울 텐데 음식으로나마 잠시 위안을 받게 하려는 생각에서다. 혹시 국제결혼을 했는데 아내가 한식으로 밥상을 차려줄 거라 생각하는 신랑이 있을지도 모르겠다. 나는 먹고 싶은 게 있으면 내가 해먹는다. 아내도 먹고 싶은 게 있으면 직접 해먹는다. 밥상 위에 가끔 서로 다른 문화가 만날 때도 있지만 같이 밥을 먹는 식구가 있다는 것만으로 행복해지는 순간이다.

3

국제결혼에 대한 차가운 시선

당신은 국제결혼 하면 무엇이 가장 먼저 떠오르는가? 하나로 규정하기 어렵지만, 특정 국가가 떠오를 수도 있고, 국제결혼 한 스타 부부가 떠오를 수도 있겠다. 이와는 달리 아내를 폭행한 기사나 나이 차이가 많이 나는 부부의 모습이 떠오를 수도 있다. 내가 국제결혼에 대해 처음 가졌던 생각은 피부색과 어눌한 말투였다. 아마도 이건 방송이나 영화 속에 비춰진 모습에서 받은 영향이 클 거라 생각한다. 영상 속의 외국인 아내는 한눈에 보기에도 한국인과 다른 피부색에 말투도 어색하고 이상했다. 외국인이니 피부색이 다르고 말투가 어색한 것은 당연하지만, 이상하게도 난 그 부분에서 거부감을 느꼈다.

지금은 방송이나 거리에서 외국인을 많이 접한다. 그래서인지 과거보다 외국인에 대한 거부감이 많이 낮아졌다. 이것은 나뿐만 아니라 한국인 모두가 느끼고 있는 부분이라 생각한다. 10여 년 전만 하더라도 파란 눈의 외국인이 지나가면 사람들은 빤히 쳐다보았다. 아마도 신기해서 쳐다보는 경우가 거의 대부분일 텐데 지금은 외국인들이 너무 많아 유럽인이 지나가든 중국인이 지나가든 별 신경 쓰지 않는다. 내가 사는 광주도 이 정도이니 수도인 서울은 더할 거라고 생각한다. 우리가 알게 모르게 사용하던 '글로벌 시대'라는 말이 정말 현실이 된 것이다.

글로벌 시대를 외치고 정말 글로벌한 시대가 됐지만, 우리가 가지고 있던 생각들은 과연 글로벌 해졌을까? 명절 때 뉴스를 보면 항상 교통사고로 인해 사망자가 발생했다는 소식을 접한다. 식사를 하다가 이런 소식을 보면 안타까움을 느끼게 된다. 그러나 그것도 잠시 내 일이 될 거라고 생각하진 않는다. 누구나 다 그럴 것이다.

국제결혼을 많이 한다고 하지만 내 주변에 국제결혼을 한 사람은 없었다. 그래서 그것이 내 일이 될 거라고 생각해본 적이 없었다. 가족도 마찬가지였을 것이다. 주변에서 국제결혼을 한다고 하면 "요즘 많이 하니까 국제결혼도 괜찮지."라고 말하셨을지도 모른다. 그러나 그것이 아들의 일이 되고 동생의 일이 되면 얘기는 달라진다. 남의 일이 가족의 일이 된다는 건 엄연히 다르다. 평소 좋게 보았던 것들도 날을 세우고, 어디 흠 될 게 없는지 꼼꼼히 따져보게 된다. 이렇듯 우리는 남에 일에 대해선 관대하지만 나의 가족에 대해선 관대하지 않다. 글로벌한 시대가 되었다고 하지만 그것은 여태껏 남의 일이었지 나의 일은 아니었으니 말이다.

국제결혼을 바라보는 차가운 시선은 가족으로부터 가장 먼저 느꼈다. 부모님은 처음엔 허락하셨지만 시간이 지날수록 안 좋은 생각들이 자리 잡았다. 부모님은 나의 결정이 갑작스러워서 당황하셨다. 누가 보면 뭐가 그리 급해서 번갯불에 콩 구워 먹듯 국제결혼 했냐고 물을 수 있겠다. 나도 인정하는 부분이다. 지금 생각해보면 나조차 알 수 없는 어떤 힘에 이끌린 것 같았다. 이성적으로는 한 번 더 생각해보고 가는 게 맞지만, 당시에는 지금 안 가면 못 갈 것 같다는 느낌이 나를 지배했었다.

부모님 입장에서는 이 녀석이 진짜 내 아들이 맞나 싶었을 거라 생각한다. 그래서 전혀 나답지 않은 행동에 부모님이 반대하시는 건 당연하다고 생각한다. 우리 인간은 접해보지 않은 경험에 대해선 긍정적이기보다 부정적으로 생각한다. 그것은 우리의 뇌가 가장 우선시하는 게 바로 생존본능이기 때문이다. 그것이 아무리 내가 국제결혼에 대해서 좋게 설명하고 잘 살 수 있다고 자신해도 부모님이 부정적일 수밖에 없는 이유 중 하나이다.

나는 부모님을 더 이상 설득하지 않았다. 엄마는 식음을 전폐하시고, 아버지는 부자의 연을 끊자고 하시는 상황 속에서도 그저 뜻을 굽히지 않았다. 차가운 시선은 어느덧 나에 대한 믿음으로 바뀌고 있었다. 완전한 믿음이 아닌 불안과 걱정이 뒤섞인 믿음이었다.

국제결혼을 하고 나서 가장 친한 고등학교 친구를 만났다. 서로 사는 곳이 달라 자주 못 보지만 명절 때는 꼭 보는 사이였다. 대부분의 남자가 친구를 만나면 거의 반 이상이 여자 이야기다. "요즘 만나는 여자 없냐?", "얼굴은 예뻐?" 등등 여자이야기로 시작하고 끝난다고 해도 과언이 아닐 듯싶다. 친구와 나는 그간 있었던 일들을 나누었다. 그러다가 자연스럽게 여자 이야기가 나왔다. 친구 녀석은 나에게 요즘 만나는 여자는 없냐고 물었다.

나는 의미심장한 미소를 머금고 친구에게 사진을 보여주었다. 친구는 사진을 보고는 "여자친구?"라며 물었다. 나는 반응이 궁금해 맞다고 말했다. 친구는 사진을 지긋이 보면서 "얼굴이 좀 이국적이네."라는 말을 전했다. 역시 작가답게 눈썰미가 있었다. 친구는 웹툰 작가다. 글도 쓰고 그림도 그리고 강의까지 한다. 예술을 하는 녀석이라 그런지 사진 속 미세한 느낌을 알아챈 것 같았다. 나는 이 여운을 좀 더 느끼고자 이런저런 이야기를 했다. 그리고 나서 국제결혼을 했다는 사실을 말해주었다.

친구의 반응도 처음 부모님의 반응과 크게 다르지 않았다. 놀라기도 했지만 자신에게 한마디도 없이 국제결혼 했다는 사실에 조금은 서운한 듯한 눈치였다. 그래도 베프인데 미리 말을 해줄 수 있었지 않았냐며 말이다. 사진 속 주인공이 아내라는 사실을 밝히자 친구는 사진을 다시 보았다. 그리고 축하보다는 걱정스러운 말을 해주었다.

"국제결혼 하면 애 낳고 도망간다던데, 위장결혼해서 사기 당하는 경우도 있다던데, 말이 안 통해서 자주 싸운다던데." 등등 걱정의 말들을 늘어놓았다. 친구도 인간의 뇌의 특징을 보여주고 있었다. 나는 친구에게 당당하게 말했다. "응. 나만 잘하면 문제없어." 이 말은 지금도 유효하다. 아내와 살아보니 이때 한 말은 더 깊숙이 와닿는다.

친구는 지금도 가끔씩 통화할 때마다 걱정스러운 듯 안부를 묻는다. 이 부분은 다른 친구들도 마찬가지인 것 같다. 특히 오랜만에 통화하면 "잘 살고 있는 거지?"라며 묻는데, 난 그 질문이 좀 웃기기도 하고 안타깝기도 하다.

가끔 시내를 나가면 아내는 사람들이 자기를 쳐다본다고 말한다. 내가 보기엔 다들 자기 갈 길 가는 것 같은데도 말이다. 물론 진짜 쳐다본 사람이 있으니까 말했을 것이다. 사실 내가 국제결혼을 하고 나서 차가운 시선을 가장 적게 느낀 데는 모르는 사람들이었다. 이것은 병원을 가나 마트를 가나 옷가게를 가나 마찬가지였다. 외국인이라고 해서 특별히 차별받았다고 느낀 적은 거의 없었다. 의외로 가족이나 가까운 친구들에게 차가운 시선을 느낄 때가 많았다. 이것은 당연하면서도 아이러니한 부분이다.

나는 타인의 시선에 신경 쓰지 않는 편이다. 만약 내가 그런 걸 신경 썼다면 애당초 국제결혼은 생각하지 않았을 것이다. 나는 아내에게도 누가 쳐다보든지 신경 쓰지 말라고 한다. 나를 정의하는 건 내가 바라보는 시선이지 상대가 나를 보는 시선은 아니기 때문이다. 세상 모든 것에는 어두운 면과 밝은 면이 있다. 국제결혼도 마찬가지다. 나는 나의 국제결혼이 밝다고만 말하지 않는다. 싸우고 화내고 소리치는 어두운 부분도 있다. 그러나 나는 내가 갈 곳이 어디인지는 분명히 알고 있다. 지금 상황이 어둡더라도 나의 시선은 항상 밝은 면을 향해 있기 때문이다.

4

아내가 아니라 딸이랑 사는 기분

아내는 아기를 굉장히 좋아한다. 한국에 들어오기 전 아내는 아이 돌보미를 했다. 기숙사에서 한국어 수업이 끝나면 아이 돌보는 일을 잠깐씩 했는데 그때마다 아내는 아기와 함께 찍은 사진을 종종 내게 보내줬다. 사진을 볼 때 아내가 일을 한다기보다 아기와 놀고 있다는 느낌이 들었다. 영상 통화를 할 때 아내는 아기를 너무도 사랑스럽게 대했다. 마치 진짜 엄마라고 해도 믿을 정도였다.

최근에는 친구의 초대로 아내와 함께 집들이를 갔다. 친구는 전에 다니던 회사에서 알게 된 사회 친구로 결혼식이 엊그제 같은데 벌써 아빠가 되었다. 아빠가 되고 나서는 통화할 때마다 나에게 빨리 아기를 가지라고 닦달한다. 어떨 땐 우리 부모님보다도 재촉하는 것 같기도 하다. 친구는 아기를 낳고 나서 처음엔 몰랐는데 시간이 지날수록 너무 사랑스럽고 예쁘다고 했다. 이날도 친구는 나에게 빨리 아이부터 가지라고 했다. 나는 왜 그런지는 알았지만 아직 계획이 없다고 했다.

친구 부부와 이야기를 나누던 중 방에서 아기 웃음소리가 들려왔다. 아무래도 아내가 방에 있는 것 같아 방으로 들어가 보았다. 이어 친구 부부도 뒤따라 왔다. 방 안에서는 아내가 잠에서 깬 아기와 장난치며 놀고 있었다. 이 모습을 보던 제수씨는 아내에게 아기를 한번 안아보라고 권했다. 중간에서 나는 아내에게 다시 이 말을 통역해주었다.

아기를 안아봐도 된다는 사실에 아내는 무척이나 좋아했다. 그리고 살포시 아기를 안아들었다. 아기는 남자 녀석이라 그런지 울지도 않고 품에 쏙 안겼다. 아내는 한동안 앉지도 않고 아기랑 계속 놀아주었다. 그 모습을 보던 친구는 "제수씨가 저렇게 아기를 좋아하는데 빨리 가져야 하지 않겠냐."라며 다시 한 번 나를 재촉했다.

아내는 아기를 좋아해서 그런지 인형도 참 좋아한다. 영상 통화할 때 침대엔 항상 인형들이 자리하고 있었다. 한번은 인형을 안고 자는 모습을 찍은 사진을 보내줬다. 사진 속 강아지 인형의 코엔 내 이름과 아내의 이름이 써 있었다. 물론 하트도 그려져 있었다. 난 그때 사진을 보면서 아내가 '참 순수한 사람이구나.'라는 생각을 했다. 지금도 아내는 그때처럼 인형을 좋아한다.

우리 부부는 가끔 바람 쐬러 터미널을 찾는다. 터미널엔 영화관도 있고 서점과 식당도 있다. 서점에 가면 아내가 꼭 들리는 코너가 있는데 바로 인형을 진열해놓은 곳이다. 아내는 물범 인형, 가오리 인형을 마치 아이를 안 듯 사랑스럽게 품에 안는다. 그러면서 나에게 조심스레 이거 사도 되느냐고 묻는다. 나도 인형을 좋아하긴 하지만 가끔 처치곤란일 때가 있어 웬만하면 잘 사지 않는다. 그래서 나는 일단 안 된다고 말한 뒤 아내의 반응을 본다. 만약 아내가 진짜 그 인형이 갖고 싶다면 다음에 또 말할 거라고 생각하기 때문이다.

지난번에는 브로콜리 인형을 사달라고 했다. 이때도 마찬가지로 안 된다고 했는데, 그 뒤로 2번 정도 더 사달라고 해서 사주었다. 지금 브로콜리 인형은 내 노트북 책상 한쪽을 차지하고 있다.

아내와 쇼핑을 하거나 서점을 갈 때면 가끔 딸이랑 있는 것 같은 느낌을 받는다. 아내는 지금 당장 필요하지도 않은 것들을 사달라고 할 때가 있다. 머리핀, 머리끈은 집에 널려 있는데 볼 때마다 사달라고 한다. 그나마 이런 것은 설득을 해서 다음에 사는 게 가능하지만 그렇지 않은 것도 있다. 사고 싶은 것을 두고 실랑이를 벌이다 보면 엄마 앞에서 떼쓰는 아이와 크게 다르지 않은 모습이 연출된다.

아이들의 특징은 순수함, 해맑은 미소, 친구들끼리 치는 장난이다. 그러고 보면 아내는 아직까지 아이 때의 모습을 잃지 않은 것 같다. 그런데 장난을 치는 방식이 가끔은 간담을 서늘하게 할 때가 있다.

회사에서 바쁘게 일하고 있을 때였다. 업무가 적을 때도 있었지만, 이 날은 유독 처리해야 할 일들이 많았다. 그러던 중에 아내에게 카톡이 왔다. 알림으로 본 내용은 문자가 아닌 사진이었다. 평소 직접 만든 음식 사진을 종종 보냈던 터라 나중에 확인해야겠다는 생각이 들었다. 점심시간이 되고 식사를 마친 뒤 잠시 휴게실을 들렀다. 여유가 생기자 잊고 있던 카톡 메시지가 떠올라서 확인해봤다. 그런데 사진을 보고서 나는 경악했다. 아내의 손가락에 피가 흥건했기 때문이다. 나는 순간 어릴 때 엄마가 음식하시다가 칼에 손이 베였던 기억이 떠올랐다. 그때 엄마는 깊숙이 베여서 지혈이 잘 안 되었다. 손가락을 움켜쥐고 있어도 피가 계속 흘렀다.

아내의 손가락 사진을 보자마자 이때의 안 좋았던 기억이 오버랩되었다. 나는 너무나 걱정되서 바로 전화했다. 전화를 받은 아내는 울먹이는 목소리로 말했다. 나는 어떻게 된 거냐고 물었다. 아내도 마찬가지로 음식을 하다가 칼에 손을 베인 것이었다. 나는 피가 계속 나는지, 지금은 어떤지 등을 물어보았다. 아내는 다행히도 칼에 깊숙이 베인 것 같지는 않았다. 사태가 그리 심각하지 않다는 사실을 확인하고 나니 조금은 안심이 되었다. 하지만 칼에 베였다는 사실만으로도 회사에 있는 동안 아내가 걱정되었다. 나는 빨리 퇴근시간이 오기만을 기다렸다.

퇴근을 하고 집안에 들어서자마자 아내에게 물었다. "혜영, 손가락 괜찮아?" 아내는 이불을 뒤집어쓰고 있었다. 그 모습을 보니 더 안쓰러운 마음이 들었다. 나는 누워 있는 아내를 일으켜 세우고 손가락을 확인했다. 손가락에는 붕대가 감아져 있었다.

나는 얼마나 크게 베였는지 걱정되어 아내에게 붕대를 풀어보자고 했다. 아내는 아프다는 말만 반복했다. 난 아내가 소독도 제대로 하지 않았을 거란 판단이 들어 붕대를 풀기 시작했다. 그런데 붕대가 거의 다 풀릴 때쯤 아내가 키득키득 웃기 시작했다. 나는 갑자기 왜 웃는 거지 생각하며 이상한 듯 아내를 쳐다봤다. 그리고 붕대가 다 풀린 손가락을 확인한 순간 그 이유를 알 수 있었다. 손가락은 어디 하나 베인 흔적 없이 깨끗했다. 아내는 넋이 나간 표정을 하고 있는 나를 보며 박장대소했다.

양치기 소년에게 속은 마을 사람들의 기분이 이럴까. 허탈함과 분노가 올라왔다. 하지만 저렇게 해맑게 웃는데 화를 내서 울리면 안 된다는 생각이 순간 스쳤다. 마음을 어느 정도 진정하고 다시 사진을 확인해봤다. 무엇으로 칠한 건지 진짜 피 색깔과 유사했다. 아내가 특수 분장에 소질이 있었는지 미처 몰랐다.

며칠 전에도 아내는 내게 사진을 보내왔다. 이번에도 손가락에 피가 흥건했다. 나는 놀란 가슴을 애써 진정시켰다. 그리고 이번에는 속지 않겠다는 다짐을 했다. 사진을 검수하듯 꼼꼼히 다시 보았다. 그런데 사진을 보고 나니 더 헷갈렸다. 피의 색깔이나 농도가 정말 진짜 같았다. 진짜라고 믿자니 또 속을까 봐 억울할 것 같았고, 안 믿자니 아내가 서운해할 것 같아서 갈등이 됐다. 결국에 나는 아내의 사진을 믿기로 했다. 안 믿어서 싸우느니 내가 한 번 속고 마는 게 더 낫다는 판단이 섰기 때문이다. 그리고 다행히도 다행이지 않게 사진은 진짜였다. 그리고 상처는 꽤나 깊었다. 칼이 세라믹으로 되어 있어서인지 상처가 좀 깊어보였다. 나는 안쓰러운 시선으로 아내의 손가락에 밴드를 붙여주었다.

다른 국제결혼 커플은 어떨지 모르지만 나의 아내는 유독 어린아이 같을 때가 많다. 철없는 행동, 유치한 장난을 처음 접했을 땐 인내의 한계를 느꼈다. 앞서 말했다시피 딸처럼 여기지 않았다면 이런 고비를 넘기기 힘들었을 거라 생각한다.

국제결혼을 한 신랑들 중 장인보다 나이가 많은 신랑이 있다는 점을 감안하면 딸 같은 아내를 맞이하는 거나 다름없다. 관계로 보면 부부지만, 생각이나 정서적인 면은 아빠와 딸의 관계에 더 가까운 것이다. 국제결혼을 하려는 남자라면 특히나 아내에 대한 고정관념을 버리는 연습을 해야 한다. 부부가 주종의 관계가 아닌 동반자라는 생각을 가진다면 이는 자연스럽게 다가온다. 요즘 나는 아내가 이런 행동을 할 때마다 그저 맞장구쳐준다. 아내가 공유하고자 하는 감정에 그저 공감해주는 것이다. 물론 욱할 때도 여러 번 있지만 아내에 대한 사랑이 거의 모든 걸 극복하게 했다. 국제결혼에 사랑이 없다면 정말 힘들겠다고 느끼는 순간이다.

5

아내는 유튜브,
나는 책을 본다

퇴근하고 집에 오면 아내는 둘 중 한 가지를 하고 있었다. 잠을 자거나 핸드폰을 보는 것이었다. 핸드폰으로 하는 것들은 페이스북, 유튜브, 메신저였다. 아내가 입국하고 1~2달 정도는 이런 모습에 크게 신경 쓰지 않았다. 그러나 시간이 지날수록 마음에는 걱정과 불안한 마음이 생겨나기 시작했다. 나는 아내가 빨리 한국어를 배우고 사회에 적응했으면 좋겠다고 생각했다. 아내는 문화센터를 다니며 한국어 공부를 하고 있었지만, 수업시간을 제외하면 거의 공부를 하지 않았다. 처음엔 아내와 같이 공부도 하고 이것저것 가르쳐주었지만 피곤한 회사생활로 인해 나도 점점 소홀해졌다. 아내도 공부하는 것에는 크게 관심이 없던 터라 주입식으로 가르치는 것에는 한계가 있다는 생각이 들었다.

나는 평소 책을 그리 가까이하지 않았었다. 가끔 잊고 있던 꿈에 대한 열망이 올라와 충동적으로 책을 1~2권씩 산 게 전부였다. 그렇게 책을 사면 다 읽는 데까지는 거의 반년 이상이 걸렸다. 어떤 때는 어디까지 읽었는지 기억이 안 나 읽기를 포기할 때도 있었다.

1년에 한 권도 제대로 다 읽지 못할 때가 거의 대부분이었지만 가슴속에는 항상 많은 책을 읽고 싶다는 생각이 있었다. 그건 아마도 책을 많이 읽으면 나도 책 속의 인물들처럼 성공한 사람이 될 수 있을 거라는 생각 때문이었던 거 같다.

국제결혼을 하고 사랑스러운 아내를 보고 있으면 드는 생각이 있다. 그건 바로 지금보다 더 성공해서 아내를 행복하게 해주고 싶다는 생각이다. 나는 이 책을 집필하기 전에 『버킷리스트23』이라는 공저를 먼저 출간했다. 5가지 버킷리스트 중 한 가지는 '라오스 처갓집에 집 지어드리기'이다.

아내의 꿈은 부모님께 집을 지어드리는 것이다. 아내는 꿈을 이야기하면서 환한 미소를 지었다. 그 미소를 보고는 내가 그 꿈을 이루는 데 큰 힘이 되어주고 싶다는 생각이 들었다. 그리고 멀리서 온 나의 아내도 꿈을 갖고 있었다는 사실에 조금은 놀랐었다. 아내가 들려준 꿈은 나에게 좋은 자극이 되었다.

아내가 유튜브를 볼 때면 나는 캠핑용 의자에 앉아서 책을 본다. 내가 책을 읽는 이유는 성장하기 위해서이기도 하지만, 나의 모습을 아내가 보고 따라 했으면 하는 바람도 있었다. 처음엔 공부해야 한국어가 빨리 늘 거라고 잔소리를 했다. 그러나 이건 좋은 방법이 아니라는 생각이 들었다. 축구선수 '손흥민'의 아버지인 '손웅정' 감독은 훈련할 때 아들에게 지시만 하지 않는다. 본인이 직접 솔선수범을 보여준다. 그 모습을 본 '손흥민' 선수는 힘들어도 불만을 토로할 수 없었다고 한다. 이 방법은 공부뿐만이 아니라 부부 생활 전반에 걸쳐 적용해야 하는 방법이기도 하다. 나는 아내에게 잔소리보다는 책을 읽는 모습을 보여주는 게 낫겠다는 생각을 했다. 그리고 퇴근을 하면 TV 대신 책을 보기 시작했다.

나의 바람과는 다르게 아내는 핸드폰에 더 열중했다. 큰 기대를 한 건 아니라서 실망하지 않았지만 단기간에는 힘들겠단 생각이 들었다. 나는 아내가 한국사회에 빠르게 적응하려면 문화센터만으로는 부족하다고 느꼈다. 집에서 책으로 하는 공부보다는 한국 사람들 사이에서 소통하고 느끼는 것이 더 중요하다고 생각했다.

나는 아내의 언어교육에 대해 형님과 종종 이야기를 나눴다. 이제는 내가 '형님'이라는 단어를 쓰면 국제결혼을 처음 소개해준 분으로 모두 생각할 거라 믿는다. 형님은 나에게 일단 아무 일이나 시작하는 게 좋겠다고 말했다. 그 말도 일리가 있었지만 아내가 한국에 들어온 지 1년도 되지 않은 시점이라서 좀 더 있다가 일을 했으면 하는 생각이 들었다. 나의 뜻을 전하자 형님은 그럼 '네일' 같은 걸 배워보면 어떻겠냐는 말을 하셨다. 순간 솔깃했다! 형님은 마침 아시는 분이 네일숍을 운영하고 있다고 했다. 학원에서 네일을 배우고 숍에서 실습하면 사람들도 만나니 좋고 더군다나 네일은 한번 배워두면 기술이니까 평생 자기 것으로 가져갈 수 있다는 말도 더하셨다.

네일학원을 생각해보진 않았지만 얘기를 들어보니 꽤 괜찮아 보였다. 학원과 숍을 오가며 사람들을 접하고 나중에는 이것으로 업을 삼을 수 있으니 말이다. 그날 저녁 나는 아내에게 네일아트 사진을 보여주면서 배워보지 않겠냐고 물어보았다. 알록달록한 색상과 반짝이는 손톱을 본 아내는 사진을 흥미롭게 쳐다보았다. 그리고 자기도 배워보고 싶다는 말을 했다.

주말에 형님을 포함해 셋이서 네일학원을 찾았다. 학원은 생각보다 집에서 가까웠다. 우리는 네일학원 상담실장님과 대화를 하면서 궁금한 것을 물었다. 한국말이 서툰데 배우는 데 지장은 없는지, 완전 초보도 쉽게 따라 할 수 있는지 등을 물었다. 상담실장님은 처음 하시거나 외국인들도 충분히 배울 수 있다며 나의 걱정을 덜어주었다.

상담이 거의 끝나갈 무렵 학원수강비에 대한 안내를 받았다. 그런데 금액이 생각보다 비쌌다. 수강비는 300만 원에 달했다. 순간 갈등이 됐다. 예상 범위에서 벗어난 것도 있었고, 할 것처럼 이것저것 물어봤는데 가격 듣고 안 하자니 자존심이 허락하지 않았다. 그리고 집에만 있다가 새로운 것을 배울 생각에 약간 설렌 아내가 눈에 밟혔다. 그 짧은 순간 여러 가지 고민 끝에 난 학원에 등록을 하기로 했다.

등록을 마친 첫날 학원에서는 가방을 하나 주었다. 네일 수업 때 필요한 각종 재료와 도구를 담을 수 있는 가방이었다. 등록한 날이라 주문할 품목을 제외한 나머지 것들만 채워 넣었다. 그 속엔 사람 손모형도 있었고, 손톱을 다듬는 도구들도 있었다. 아내는 이러한 것들을 신기하게 쳐다보았다.

집으로 돌아오자 아내는 가방에 있는 것들을 다시 꺼내보기 시작했다. 그리고 자기 손에 직접 발라보고 닦아보며 흥미를 느끼기 시작했다. 나는 아내가 흥미를 느끼고 있다는 점에 기분이 좋았다. 이제는 집에서 핸드폰만 쳐다보는 게 아니라 의미 있는 시간을 보낼 수 있겠단 생각이 들어서 마음이 놓였다. 이때까지만 해도 난 아내가 네일숍에서 일하면서 손님과 이야기도 나누고 즐겁게 보내는 모습을 상상했다.

그러나 아내는 네일 수업이 어렵다고 계속 투정을 부렸다. 숍을 방문하는 것도 싫다고 했다. 직원도 실습생도 아닌 지인의 부탁으로 그곳을 방문했다. 그러다 보니 꿔다놓은 보릿자루처럼 앉아 있기 불편했던 것 같았다. 아내는 외국인이라서 더 불편함을 느꼈던 거 같다. 결국 네일학원은 정규 과정을 다 마치지 못하고 그만두었다. 그리고 네일숍도 자연스럽게 방문을 끊게 되었다. 처음 아내의 말을 들었을 땐 수강비가 아까워서 참고 계속 배워보라고 했다. 네일숍도 1시간이라도 좋으니 꼭 방문하라고 했다. 그리고 한편으로는 아내가 네일을 배우면 돈도 많이 벌수 있겠다는 생각도 했다. 평범한 식당일이 아닌 기술을 배워 써먹을 수 있는 직업이라 남들이 보기에도 더 괜찮아 보일 거라 생각했다. 지나고 나서 생각해보니 아내가 사회에 빨리 적응하길 바라는 마음에 어느 정도 나의 욕심이 들어가 있었던 거 같다.

내가 국제결혼을 주제로 코칭을 하고 책을 쓰기까지는 적잖은 시간이 걸렸다. 한 사람이 가야 할 방향이 정해지기까지는 짧을 수도 길 수도 있지만 결코 쉬운 일은 아니다. 난 아내가 입국한 지 1년도 되지 않아 갈 길이 정해졌다고 생각했다. 하지만 그건 착각이었다. 내가 생각하는 것이 아내가 원하는 것은 아니었기 때문이다. 비록 수강료와 들인 시간이 아깝지만 난 여러 방향 중 하나를 확인해봤을 뿐이라고 생각한다.

아내가 학원을 그만두고 그전과 똑같은 생활이 이어졌다. 아내로서는 집에서 할 수 있는 게 그게 전부였다. 그러나 바로 무언가를 해야 한다는 생각으로 닦달하진 않았다. 앞으로 더욱 그렇게 해야겠지만, 지금 이 순간은 내 옆에 있다는 사실만으로도 충분하다고 느끼기 때문이다.

6

한국이나
라오스나
시댁은 시댁이다

한국 며느리들의 시댁 스트레스는 어느 정도일까? 2020년 1월 24일자 온라인 뉴스 〈세계일보〉에서 이동준 기자는 "명절이 싫은 기혼 여성들 '시댁 땜에 스트레스'"라는 기사에서 이렇게 말하고 있다.

"최근 구인구직 플랫폼 사람인이 성인남녀 3,507명을 대상으로 '설 명절 스트레스'를 주제로 조사를 벌인 결과 응답자의 53.8%가 스트레스를 받는다고 답했다. 명절 스트레스는 성별과 혼인 여부에 따라 차이를 보였다. 기혼 여성은 10명 중 7명(70.9%)이 스트레스를 받는다고 밝힌 반면, 미혼 여성은 59%, 기혼 남성 53.6%, 미혼 남성 52.4%로 나타났다."

기사의 내용만 보더라도 며느리들의 스트레스가 얼마나 심한지 알 수 있다. 물론 시부모님과도 친부모님 못지않게 잘 지내는 며느리들도 분명 있을 것이다. 그러나 대부분의 며느리가 '시댁 스트레스'를 받는다는 점은 무시할 수 없는 부분이다.

한국의 며느리들도 이러한데 국제결혼을 한 며느리들의 스트레스 정도는 어떠할까. 더하면 더했지 덜하지는 않을 거라 생각한다. 한국 며느리와 국제결혼 한 며느리의 스트레스 받는 양상에는 조금 차이가 있다. 스트레스는 시부모와 시댁 가족의 차별에서도 올 수 있고, 관계에서도 올 수 있다.

얼마 전에 친구와 함께 커피숍에서 담소를 나누었다. 명절을 보낸 지 얼마 되지 않은 시점이었다. 이야기를 나누던 중 친구는 요즘 아내 때문에 스트레스를 받는다는 말을 했다. 나는 그 내막이 궁금해 무엇 때문에 그런지 물어보았다. 친구의 말을 들어보니 제수씨는 시어머니의 차별 때문에 남편에게 그 화풀이를 하고 있었다. 친구는 아래로 남동생이 하나 있다. 남동생한테는 5살짜리 딸이 하나 있다고 했다. 친구도 7살짜리 딸이 있다. 명절 때 가족들이 모두 모인 자리에서 시어머니는 평소와 다르게 남동생의 딸만 예뻐하셨다고 한다. 이 모습에 친구의 딸은 시무룩해졌고, 그걸 지켜보던 제수씨는 차별받았다고 느꼈다는 것이다.

친구가 제수씨의 하소연에 못 이겨 어머니께 그 이유를 물어보니 어머니는 이렇게 말씀하셨다는 것이다. “한 명은 예뻐해줘도 시무룩해 있고 한 명은 자꾸 안아달라고 보채는데 누구를 예뻐하겠냐.”

한국 며느리들은 이런 사소한 것에도 차별을 느낄 때가 있다. 그리고 좀 더 복잡한 상황에서 차별을 느끼기도 한다. 그렇다면 국제결혼 한 이주여성은 어떨까. 이주여성이 느끼는 차별은 한국 며느리가 느끼는 차별과는 다르다. 차별의 시작은 이주여성을 남편과 가족이 어떻게 받아들이느냐에서부터 시작된다.

국제결혼이든 국내결혼이든 혼인관계를 맺었다는 사실에는 변함이 없다. 그 말은 국제결혼 이주여성도 며느리로서, 아내로서, 가족으로서 대우받아야 한다는 말과 같다. 하지만 몇몇 이주여성이 가족은 고사하고 인격적인 대우조차 받지 못하는 경우가 있다.

남편에게 생활비를 요구했다가 맞았다는 사연, 한국어 배우고 싶은데, 밭에서 일만 하는 애가 무슨 공부냐며 핀잔주는 시어머니, 생활용품 사는 데 일일이 시어머니한테 허락받아야 하는 사연은 인터넷에서 흔하게 접할 수 있는 내용이다. 전체 국제결혼 중 일부에서 일어나는 일이지만 실제로 발생하는 일임에는 부정할 수 없다.

국제결혼을 해서 잘사는 부부들도 많다. 나 또한 잘 살고 있고, 내 주변에도 대부분 큰 문제없이 살고 있다. 아마도 잘 사는 국제결혼 부부는 남편과 그의 가족이 이주여성을 아내로서, 며느리로서, 가족으로서 인정하고 대우하기 때문일 거라 생각한다.

아내가 한국에 입국하고 처음 시골집을 방문했을 때다. 나의 국제결혼을 반대하고 만류했던 부모님과 할머니는 아내를 따뜻하게 맞아주셨다. 할머니는 먼 타국에서 여기까지 오느라 고생했다며 두 손을 어루만져주셨다. 엄마는 저녁 준비하면서 이것저것 물어보셨다. 라오스에도 김치 같은 게 있는지, 똑같은 쌀밥을 먹는지 등을 물으셨다. 식사를 하면서 아버지는 많이 먹으라며 반찬을 아내 쪽으로 옮기셨다. 엄마는 아내가 음식이 입에 맞지 않을까 봐 걱정하는 눈빛으로 아내에게 맛이 어떤지를 계속 물으셨다.

식사를 마치기 전 아내는 아버지와 할머니께 물을 떠다드렸다. 할머니는 이 모습을 보시고는 영특하고 눈치가 빠르다며 칭찬을 하셨다. 저녁을 다 먹고 나서 아내는 밥상을 치우고 설거지도 했다. 엄마도 이 모습을 보시고는 살림을 잘하겠다며 칭찬하셨다.

처음부터 부모님과 할머니에게 예쁨을 받은 아내는 지금도 사랑을 많이 받고 있다. 지난주 집에 갔을 때 엄마는 아내가 좋아하는 '죽순'을 한 바구니 따놓으셨다. 허리가 안 좋으신데도 그렇게 해주신 모습이 너무나도 감사했다. 그 순간 나는 부모 복이 참 많다고 느꼈다. 갑작스런 국제결혼을 보내주신 것도 모자라 이렇게 아내에게 사랑까지 부어주시니 말이다. 하지만 이렇게 아내를 예뻐해주시고 챙겨주셔도 '아내에게 시댁은 시댁이구나.'라는 사실을 느낄 때가 있었다.

집에 내려가면 보통 하룻밤을 자고 왔다. 농사일을 도와드리러 갈 때도 있었고 그냥 갈 때도 있었다. 그때마다 난 아내에게 엄마가 식사를 준비하면 옆에서 도와드리라는 말을 했다. 그런데 처음엔 자꾸 내 손을 잡고 같이 가자는 것이었다. 그 이유는 크게 2가지였다. 아직 엄마와 단 둘이 있는 게 어색해서 그렇고, 두 번째는 엄마가 말씀하실 때마다 이해가 안 되니 옆에 내가 있어야 안심이 된다는 것이었다.

난 평소 엄마가 식사 준비하실 때마다 옆에 있는 걸 좋아했다. 그동안 있었던 이야기도 나누고 엄마가 하는 말도 들으면서 있는 것이 좋았다. 그래서 쉽게 아내의 부탁을 들어줄 수 있었다. 그런데 문제는 아침이었다. 아내는 다음 날 아침 하는 걸 도와드리러 갈 때 나를 자꾸 일으켜 세웠다. 쉬는 날이라 더 자고 싶은데 계속 같이 주방으로 가달라는 것이었다. 나는 졸린 눈을 비비며 아내를 뒤따라갔다. 엄마는 아내가 일찍 일어나 도우러 나온 게 기특해보이셨는지 거의 매번 그냥 들어가 좀 더 자라고 하셨다. 한동안 이런 과정을 반복하다가 어느 순간부터 횟수가 줄어들기 시작했다. 아내는 주방을 갈 때마다 나를 보며 따라오라는 신호를 보냈는데 엄마와 단둘이 있는 게 이제 어색하지 않은지 더 이상 따라오라는 신호를 보내지 않았다. 이제 엄마랑 있는 게 편해졌나 보다는 생각이 들었다.

시골에서는 겨울에 미나리를 하신다. 김장하기 전부터 시작해서 김장이 끝나면 거의 비슷하게 끝난다. 엄마는 요양보호사로 일하고 계신다. 그래서 미나리 일까지 하시는 데 조금 버겁다고 하셨다. 그렇다고 일손을 놓자니 아버지 혼자서 하셔야 하는 상황이 마음에 걸리신다는 것이다. 그래서 어머니가 내게 조심그럽게 말씀하셨다. 아직 '혜영'이가 일을 시작하지 않았으니 일주일 정도만 시골 와서 일 좀 도와주면 어떻겠냐고 말이다.

엄마는 그냥 도와달라고 말씀하신 것은 아니셨다. 내가 집에 가서 잠깐씩 일을 도와드려도 항상 기름값 이상으로 용돈을 챙겨주셨다. 꼭 돈을 떠나 부모님이 그동안 아내에게 부어준 사랑과 애정 때문에라도 도와드리면 좋겠다는 생각이 들었다. 나는 아내에게 이러한 상황을 설명했다. 시골집에 가면 엄마가 맛있는 음식도 해주시고 일도 도와드리니 용돈도 챙겨주실 거라고 말했다. 하지만 아내는 시골집에 혼자 가고 싶지는 않다고 했다. 나는 우리 부모님이 아내에게 친부모님 못지않게 잘해준다고 생각했다. 아내도 어느 정도 편해졌다고 생각했다. 실제로 아내도 부모님의 사랑을 느껴 오랫동안 시골집에 못 갔을 때 부모님과 할머니가 보고 싶다고 말했다. 하지만 막상 혼자 가서 있으라고 하니 아내는 금세 고개를 저었다. '역시 아내에게 시댁은 시댁이구나.' 하는 생각이 드는 시점이었다.

시부모님이 아무리 잘해주어도 친정 부모님처럼 편하지는 않다. 이는 당연한 사실이다. 다행히도 우리 부모님과 가족은 아내를 사랑해주고 대우해주기에 나로서는 감사할 따름이다. 정상적인 대우를 받지 못하는 이주여성이 있다는 점은 안타깝다. 그러한 문제가 생기는 결정적 이유는 남편의 잘못이 크다고 본다. 남편이 아내에 대한 존중이 없다면 가족도 아내를 존중하지 않게 된다. 남편의 존중은 좋은 부부 관계, 원만한 시댁 관계로 이어질 수 있기 때문이다. 이주여성은 남편과 시댁에게서 거창한 걸 바라는 게 아니다. 아내로서, 며느리로서, 가족으로서 대우받길 바랄 뿐이다. 이것을 지키고 유지한다면 아내는 시댁을 좋게 여길 거라 생각한다.

7

한 번 꼬인 관계는 바로 풀어라

한가로운 일요일, 점심을 먹고 나서 의자에 앉아 책을 보고 있었다. 아내는 졸렸는지 핸드폰을 보다가 잠이 들었다. 내가 가장 좋아하는 순간 중 하나이다. 아내가 잠들어 있으면 책을 볼 때 방해받지 않기 때문이다. 지금은 아내가 식당에서 일하느라 아침과 저녁에만 얼굴을 본다. 덕분에 방해받지 않고 책을 읽는 시간은 많아졌지만, 한편으로는 같이 있는 시간이 많았던 그때가 그립기도 하다.

그렇게 한가롭게 독서 삼매경에 빠져 있은 지 1시간 정도 지났을 때였다. 잠에서 깬 아내는 나에게 일어나자마자 배고프다고 말했다. 밥 먹은

지 2시간도 채 안 지난 시각이었다. 나는 아내에게 "밥 먹은 지 얼마나 됐다고 벌써 배가 고프냐?"라고 말했다. 사실 점심 때 밥을 적게 먹긴 했다. 그리고 아내는 평소 식사할 때마다 많은 양을 먹지 않았다. 밥을 먹더라도 탄수화물보다는 채소 위주로 먹었다. 그러다 보니 밥을 먹을 때는 배불리 먹은 것 같아도 얼마 지나지 않아 금세 배고픔을 느꼈다.

한국 사람들의 식사량은 많은 편이다. 상을 차리더라도 풍성하게 차려서 먹는 문화가 발달했다. 한 끼를 든든히 먹어야 열심히 일할 수 있는 원동력을 얻기 때문이기도 하다. 그런데 아내가 살던 라오스는 식사량이 그렇게 많지 않다. 불교의 나라인 라오스에는 '탁발'이라는 스님들의 아침 공양의식이 있다.

이 의식에 적게는 50명에서 많게는 500여 명의 스님들이 참여한다고 한다. 거리에는 이내 신도들과 스님들의 행렬로 가득 차고, 신도들은 스님들에게 공양을 한 뒤 두 손 모아 기도를 한다. 스님들은 '탁발'로 받은 음식으로 아침과 점심을 먹고 남은 음식은 다시 가난한 사람들에게 나누어준다고 한다. 이처럼 소박하지만 공동체를 중요시하는 문화가 밥상 위의 풍경에도 영향을 미친 것 같다고 생각한다.

회사에서 일하고 있을 때 아내는 점심메뉴를 사진으로 찍어서 보내주었다. 사진에는 채소와 직접 만든 소스로 버무린 '쏨땀'이 있었다. 메뉴는 조금씩 바뀌긴 했지만 공통적으로 고기보다는 채소가 거의 대부분이었다. 아내는 지금도 고기보다는 채소를 좋아한다. 그래서 나는 좋아하는 삼겹살과 장어를 눈으로만 구경할 때가 많다.

아내가 좋아하는 것은 몸에는 좋지만 금방 소화가 된다. 그래서 나와는 배꼽시계가 항상 차이가 났다. 부부는 서로 닮는다고 했던가. 아내도 배가 고프면 잘 못 참는 성격이다. 배가 고프면 예민해진다. 이날도 아내는 배고프다며 나에게 자꾸 짜증을 냈다. 나 또한 독서의 여유로움이 깨져서 점점 짜증이 났다. 지금 밥을 먹으면 또 자기 전에 배고프다고 할 게 뻔했다. 난 어긋난 식사시간을 바로잡기 위해 아내에게 참으라고 했다.

배고픈데 참으라고만 한 나의 말이 서럽게 들렸는지 아내는 울기 시작했다. 울면서 나에게 화를 내고 소리쳤다. 이전에도 비슷한 이유로 반복된 일이었다. 나는 이참에 아내의 버릇을 고쳐야겠다는 생각이 들었다. 그래서 울고 있는 아내를 달래기보다는 다그쳤다. 그러나 나의 바람과는 달리 아내는 더 오열할 뿐이었다. 언제나 그렇듯 한바탕 전쟁을 치르고 나면 폐허가 된 감정만 남았다. 전쟁의 여파로 폐허가 된 현실을 보고 있으면 무엇부터 해야 할지 막막할 것이다. 나 또한 아내와의 전쟁 뒤에 어디서부터 추슬러야 할지 막막했다. 이전에 쓰던 방법은 더 이상 통하지 않았다. 어루만져주고 안아주어도 아내는 나무토막처럼 무표정을 지을 뿐이었다. 이 과정을 3일 동안 하다 보니 정말 가슴이 답답했다. 그전에는 이 정도면 풀어졌는데 이번에는 아내가 단단히 화가 나 있었다. 나는 너무 답답해서 일단 웃겨보자는 생각이 들었다. 몸빼바지를 가슴까지 끌어올려 입고서 막춤을 추기 시작했다. 전에 이 모습을 보고 아내는 자지러졌는데 이마저도 효과가 없었다.

여전히 냉랭한 분위기가 흐르고 있는 사이 '형님'에게 전화가 왔다. 특별한 이유 없이 안부 차 온 전화였다. 나는 형님과 통화를 하다가 지금의 사태에 대해서 말씀을 드렸다. 상황이 심각해 보이셨는지 형님은 도와주겠다며 집으로 오겠다고 하셨다. 나로선 달리 방법이 생각나지 않아 형님의 도움을 반겼다. 평소 내가 자주 보는 형님이라서 아내도 자연스럽게 자주 보던 터였다. 아내 또한 형님이 재밌는 사람이라며 좋아했다. 형님은 다른 건 몰라도 여자를 웃기는 재주 하나는 탁월했다. 그래서 은근히 기대도 되었다.

형님이 집에 들어오자 아내는 형님을 힐끔 쳐다봤다. 평소라면 "오빠, 안녕하세요."라고 인사했겠지만 이날은 달랐다. 형님과 나는 아내가 좋아하는 부대찌개를 빌미로 같이 저녁 먹으러 가자고 했다. 형님은 아내에게 어째서 화가 났느냐고 물었다. 그리고 내가 나쁜 놈이고 잘못했다면서 아내의 편을 들어주었다. 형님 특유의 장난스러운 말투와 표정을 보자 아내의 표정이 점점 풀리는 듯했다. 나는 이때다 싶어 아내에게 옷을 입히며 밥을 먹으러 가자고 애교를 부렸다. 그런데 아내는 나를 밀쳐내면서 건넨 옷만 낚아채서 입고는 현관문을 나섰다.

나는 이날 이후로 아내의 버릇을 잡겠다는 생각을 아예 접었다. 그것은 버릇을 고치려 했던 게 아니라 지금까지 살아온 생활 습관과 문화를 바꾸려했던 것에 가까웠다. 차이를 이해하고 인정하기보다 나에게 맞추려는 생각이 잘못된 것이었다.

우리 가족 중 나의 국제결혼 소식을 가장 늦게 접한 사람은 형이다. 나는 아직도 이 부분에 대해 미안한 마음을 가지고 있다. 앞에서도 말했다시피 형에게는 말할 수 없는 상황이었다. 그래서 난 나중에 올 후폭풍에 대해 어느 정도 마음의 준비를 하고 있었다. 그런데 후폭풍은 전혀 예상치 못한 타이밍에서 터져버렸다.

아내가 한국에 입국하고 맞이하는 두 번째 명절이었다. 처음 형은 아내를 봤을 때 반가움보다는 덤덤한 반응이었다. 이때 나는 형이 아내를 환영하며 반갑게 맞이할 거라 기대하지 않았지만 조금 아쉬운 마음이 들었다. 하지만 그마저도 형에게 내색할 순 없었다. 나는 아내에게 형이 국제결혼을 한 사실을 가장 늦게 알게 되었다고 이전부터 말을 해주며 혹시라도 형이 서운하게 행동해도 상처받지 말라고 했다.

아내와 나는 형보다 먼저 집에 도착해서 음식을 준비하며 엄마를 도왔다. 얼마 지나지 않아 형네 식구가 들어왔다. 나는 형수님과 인사를 나누고 형에게는 가볍게 왔냐고 말을 건넸다. 그런데 형은 나를 보자마자 굳은 표정으로 "야, 제수씨는 왜 날 보고도 인사 안 하냐."라며 물었다. 겉으로는 태연했지만 나는 순간 당황했다. 나는 아내에게 집에 오기 전부터 아주버님을 보면 인사 잘하라는 말을 해두었다.

평소 아내는 어르신들께 인사를 잘했지만 걱정되는 마음에 다시 한 번 말을 해둔 터였다. 나는 분명 아내가 인사를 했는데도 형이 못 봤을 거란 생각이 들었다. 그래서 퉁명스럽게 "인사를 안 해? 우리 혜영이 인사 잘해."라고 말했다. 그러자 형은 "인사 교육 똑바로 시켜."라고 말했다. 나는 순간 발끈해서 형에게 말했다. "아니, 왜 오자마자 그러냐?" 형은 나의 도발에 열이 단단히 올라왔는지 나에게 "야! 밖으로 나와!"라고 말했다.

마당에서 나는 그동안 형이 쌓아두었던 서운함과 분노를 온몸으로 맞이했다. 중간에 아버지가 나오셔서 형제끼리 이러면 안 된다며 말리셔서 사태가 진정됐지만 나는 머릿속이 어지러웠다. 마음의 준비는 했다고 하지만 막상 형의 말을 들으니 눈물이 차올랐다. 가족과 함께 밥을 먹는데 입안에서 밥알이 자꾸만 헛돌았다.

명절이 지나고 며칠 뒤 형수님과 통화를 했다. 형수님은 집에 올 때 형이 심한 두통에 시달렸다고 했다. 나 역시 같은 날 똑같이 머리가 아팠다. 그리고 다음 날 나는 형에게 전화를 했다. 전화 통화를 하면서 느낀 건 내가 형을 서운하게 했는데도 어떠한 사과도 하지 않았다는 것이었다. 형은 나에게 국제결혼을 한 사실에 대해 마음을 풀어주는 말을 한마디라도 해줬더라면 그렇게까지 화낼 일은 없었을 거라고 했다. 그 말을 듣고 나니 더욱 미안했다. 나는 형에게 진심으로 미안하다는 말을 전했다.

이날을 기점으로 형이 아내를 대하는 눈빛이 완전히 달라졌다. 이전에 이방인을 바라보는 듯한 눈빛이었다면 이제는 가족처럼 대하는 눈빛으로 바뀌었다.

꼬인 실타래를 가장 빨리 푸는 방법은 더 이상 꼬이기 전에 푸는 것이다. 꼬인 실타래는 시간이 지날수록 더 꼬일 수밖에 없다. 부부 관계나

가족의 관계도 마찬가지다. 지금 당장은 풀리지 않더라도 먼저 손을 내밀어야 한다. 외면했던 꼬인 관계는 곪아서 어느 지점에서는 반드시 터지게 된다. 나는 2가지 상황을 겪으면서 이러한 사실을 몸과 마음으로 깨닫게 되었다. 국제결혼은 특히나 꼬인 관계로 오해가 오해를 낳기도 한다. 나는 당신이 꼬인 관계를 방치하지 않고 풀기 위해 노력하기 바란다.

8

부모와 분가해서 따로 살아라

국제결혼을 하게 되면 부부와의 갈등 다음으로 겪는 게 고부 갈등이다. 이 부분은 국제결혼을 한 이주여성들이 가장 힘들어하는 부분 중 하나다. 얼마 전, 베트남 이주여성이 언론 인터뷰에서 “시댁에서 지내는 게 베트남 시골에서 지내는 것보다 더 고되다.”라고 말했다. 다행히 나 같은 경우 아직까지는 고부 갈등으로 곤란을 겪고 있지는 않다.

다만, 기사를 읽으며 만약 아내가 이와 같은 상황이었다면 어땠을지 생각해봤다. 생각을 마치기도 전에 가슴이 아파왔다. 아내는 말 한마디만 서운하게 해도 눈물을 흘릴 정도로 여리기 때문이다.

고부 갈등의 시작은 아주 사소한 것에서부터 비롯된다. 대부분 처음에는 생활 습관과 문화의 차이에서 발생하는데 우연히 블로그에서 아주 공감이 되는 글을 보았다. 그것은 '한국으로 시집온 베트남 여성들이 처음 겪는 고부 갈등은 사과 깎는 것이다.'라는 글이었다. 우리나라는 칼날을 안쪽으로 향해서 깎지만, 베트남은 칼날을 바깥쪽을 향해서 깎기 때문이다.

이 모습을 본 시어머니는 "사과를 왜 그렇게 깎느냐."라며 며느리를 타박했고, 이것이 고부 갈등을 만드는 발단이 된 것이다. 난 이 글을 읽다가 문득 아내가 떠올랐다. 아내 또한 사과를 깎을 때 날을 바깥쪽으로 향해서 깎는다. 라오스와 베트남은 국경을 맞대고 있기 때문에 문화도 비슷한 부분이 많다는 생각이 들었다. 엄마는 처음 아내의 칼질을 보시고 특별히 뭐라고 하지는 않으셨다. 오히려 신기해하셨다. 그와는 달리 나의 반응은 조금 달랐다. 처음엔 나도 신기했다. 그래서 어떻게 깎는지 잠시 관찰을 했다. 그런데 깎는 모습이 어째 불안하고 위험해 보였다. 나는 답답함을 느껴서 순간 아내에게 "칼질을 왜 그렇게 하냐."라며 핀잔을 준 뒤 칼을 빼앗아 내가 깎았다.

똑같은 상황에서 고부 갈등이 아닌 부부 갈등이 되어버린 순간이었다. 지금 되돌아보면 그때는 나도 참 성숙하지 못했었다는 생각이 든다. 아내는 지금까지 살아온 방식대로 했을 뿐인데 그것을 받아들이기보다 안 좋은 것으로만 생각했던 게 조금은 부끄러웠다.

〈EBS 다문화 고부열전〉이라는 프로그램은 제목에도 나와 있다시피 고부간의 갈등을 주제로 한 프로그램이다. 난 국제결혼을 하기 전에도 가끔 TV 채널을 돌리다 한 번씩 시청했다. 프로그램의 특성상 고부 갈등을 풀어가는 과정을 담고 있기 때문에 갈등을 겪는 장면이 많이 나오는 건 당연했다. 그중에서도 난 베트남 며느리가 주방에서 시어머니께 잔소리 듣는 모습에 눈길이 갔다. 며느리가 저녁을 준비하는데 시어머니는 마치 감독관처럼 하나하나 마음에 들지 않은 것을 지적했다. "저렇게 해서 언제 끓겠냐." "밥은 왜 여기에 담았냐." "밥상을 그렇게 차리면 안 돼." 이렇듯 잔소리는 쉴 새 없이 이어졌다.

시어머니는 며느리가 부족하고 아직 잘 모르니 가르쳐준다는 생각으로 말했을 뿐이라고 주장하지만 내가 보기엔 가르쳐준다기보다 혼내는 모습에 가까웠다. 며느리는 시어머니의 잔소리에 속상하고 자존감도 많이 낮아졌을 것이다. 본인은 잘하려고 하는데 시어머니는 계속 혼내기만 해서 마음의 상처도 받는다. 그리고 이런 상처는 시어머니에게 마음을 닫는 결과로 이어지기도 한다. 이런 과정이 반복될수록 악순환은 계속된다. 소통은 되지 않고 서로에 대한 불신과 불만만 쌓이는 것이다.

아내와 내가 시골집에 내려가면 식사 준비는 거의 엄마가 하신다. 아내는 엄마가 준비한 반찬이나 국과 밥을 밥상으로 옮겼고, 식사가 끝나면 뒷마무리를 맡는다. 아내가 직접 음식을 준비하고 밥상을 차리는 것이 아니기 때문에 주방에서 갈등이 생기는 일은 없었다. 엄마는 아내가 아직 서툴고 한국 음식도 할 줄 아는 게 많지 않으니 본인이 직접 다 하신다. 그것은 명절 때 형수님이나 누나가 와도 마찬가지다. 나는 가끔 엄마의 이런 헌신적인 모습이 존경스럽다. 덕분에 나나 우리 가족은 항상 엄마가 해주신 맛있는 음식을 먹을 수 있었다. 참 감사한 일이다.

이런 모습을 보고 자라서인지 나 또한 아내가 한국 음식을 해주는 걸 바라기보다 내가 해주는 걸 더 좋아한다. 그런데 아내가 라오스 음식을 해먹을 때면 마음에 들지 않는 것이 1~2가지가 아니었다. 아내가 음식을 할 때면 이번엔 마치 내가 〈EBS 다문화 고부열전〉에 나오는 시어머니처럼 잔소리를 했다. “혜영, 이것 좀 치우고 하면 안 돼?”, “이건 또 왜 여기 있어?”, “냉장고에 바로바로 좀 넣어.” TV 속 시어머니의 모습과 크게 다르지 않았다.

아내는 음식을 할 때마다 싱크대를 난장판으로 만들어놓았다. 만약 시골집에서 이랬다면 엄마가 어떤 반응을 보이셨을지 상상도 안 된다. 물론 시어머니를 의식해 좀 더 치우면서 했겠지만 엄마 눈에는 분명 부족한 것이 보일 것이다. 나는 시어머니가 아니고 남편이니까 아내는 편한 마음으로 음식을 했을 거라 생각한다. 평소처럼 해왔던 대로 말이다. 나는 할아버지를 닮아 원래부터 깔끔한 걸 좋아한다. 음식을 할 때도 뭔가 어지럽혀 있으면 신경이 쓰였다. 깔끔하게 정돈하고 나서야 심리적 안정감을 느꼈다. 하지만 아내는 음식을 할 때 중요한 건 정리정돈하는 게 아니라 빨리 해서 먹는 것이었다. 그래서 음식을 할 때 사용한 각종 양념과 조미료는 여기저기 널려 있고, 사용한 채소들도 전부 흩어져 있었다. 사용한 그릇들도 물로 한번 헹궈놓으면 좋지만 그대로 던져두었다. 처음에는 이런 것을 하나하나 짚어가며 말해주었지만 얼마 못 가 처음 상태로 되돌아올 뿐이었다.

나는 국제결혼을 하는 분들은 특별한 이유가 아니라면 분가해서 살라고 권하고 싶다. 만약 내가 부모님과 따로 살지 않고 같이 살았다면 아내가 받는 스트레스는 더 많았을 것이다. 라오스나 베트남 모두 부모와 어른을 공경하는 문화다. 그러다 보니 시부모님에게 불만이 있어도 편하게 말하기 힘들어 한다. 이런 불만이 하나둘씩 쌓이면 그 화살은 결국 남편에게 향한다. 남편은 아내의 말도 맞는 것 같고, 엄마의 말도 맞는 것 같아 어느 한쪽 편을 들기도 애매한 상황에 놓이게 된다. 결국 고부 사이를 적절히 중재해야 하는 고충에 시달리게 되는 것이다. 처음엔 예쁘고 똑똑하다며 칭찬하는 부모님도 아내와 한 지붕 아래 같이 살게 되면 부족한 게 보이고 불만이 생겨난다. 이것은 당연하다. 세상엔 완벽한 사람이란 존재하지 않기 때문이다. 더구나 아내는 문화와 언어도 다른 나라에서 왔다. 더하면 더했지 덜하진 않는다고 본다.

국제결혼을 하고 나서 가장 중요한 것은 부부 사이에 신뢰와 애정을 쌓는 것이다. 국제결혼은 1~2번 만나 결혼한 사이이기 때문에 아직 신뢰와 애정이 쌓이지 않은 불안정한 상태다. 그런 불안정한 상태서 고부 갈등이라는 문제가 더해지면 돈독한 부부 관계가 쌓이기도 전에 멀어질 수 있다. 만약 시부모님과 함께 사는 것을 피할 수 없다면, 남편은 마음을 더 단단히 먹어야 할 것이다. 둘이 따로 살아도 쉽지 않은 국제결혼, 부모님과 함께 산다면 많은 것을 인내해야 한다.

4 장

국제결혼 잘하는 8가지 기술

1

무턱대고 아무 업체나 선택하지 마라

국제결혼을 하는 데 가장 중요한 것은 업체 선정이다. 이 사실은 수백 번을 강조해도 지나치지 않다. 업체 선정은 국제결혼의 성패를 가르는 첫 단추이기 때문에 그만큼 신중을 기해야 한다. 국제결혼을 하는 남성들도 이 부분에 대해서는 어느 정도 인지는 하고 있다. 그러나 비양심 업체들 때문에 피해를 본 사례가 많다는 점을 보면 꼭 그렇지만도 않다는 것을 알 수 있다. 너무 많은 업체와 정보로 인해 혼란이 가중된 것도 있지만, 설마 내가 선택한 업체가 그러겠냐는 안일한 마음이 작용한 것도 있다. 그렇다면 어떻게 해야 비양심적인 업체는 거르고 양심적인 업체를 선택할 수 있을까. 나의 국제결혼을 진심으로 돕는 양심적인 업체가 있기는 한 걸까?

정확하지 않지만 대략적으로 국제결혼 업체는 10년 전 2,000개에 달했는데 최근 400개로 급감했다. 불법 영업 단속과 규제로 인한 이유가 가장 크다. 400여 개에 달하는 업체 중 진정성 있는 업체를 고르기란 쉽지 않다. 크게 줄었다고는 하지만 일일이 알아본다고 할 때 적은 수도 아니다. 모두 자기가 이 분야 최고라고 말한다. 그중에는 온갖 좋은 말로 남성들을 현혹하는 업체도 있다. "예쁜 아가씨 만날 수 있다." "이 일만 10년 넘게 했다." "추가금액 없다." 이와 같은 말을 듣고 진행했다가 낭패를 보는 피해 사례는 너무도 많다.

A씨 같은 경우 "예쁜 아가씨를 만날 수 있다."라는 말에 피해를 본 사례이다. A씨는 국제결혼을 하고 싶어 한 카페에 가입하게 되었다. 이 남성은 카페서 마음에 드는 여성을 보고는 빨리 만나고 싶은 마음에 계약금 100만 원을 업체에 입금했다. 베트남에 도착한 A씨는 사진 속 여성을 만난다는 생각에 한껏 기대를 품었다. 그러나 맞선을 보기로 한 사진 속 여성은 나오지 않았다고 한다. A씨는 황당해서 업체 측에 왜 그 아가씨가 맞선에 나오지 않았냐고 반문했지만 돌아오는 답변은 아가씨가 집안에 반대에 부딪혀 나오지 못했다는 어이없는 말뿐이었다. 과연 집안의 반대 때문에 나오지 못했던 걸까? 난 아니라고 본다.

진정성 있는 업체였다면 출국하기 전 충분한 상담과 조언을 먼저 해주는 것이 순서다. 그리고 상대 여성의 프로필을 공개해 가정환경은 어떤지, 성향은 어떤지 등의 정보를 전달해야 한다. 신랑은 신부의 이러한 것을 모두 고려해서 최종적으로 판단할 수 있다. 그러나 이런 과정 없이 '선택한 아가씨를 만날 수 있다'는 명목으로 진행하는 태도는 그저 남성의 마음을 이용해 이득을 취하려는 목적밖에 없는 것이다.

내가 너무 안 좋은 말들만 해서 혹시 국제결혼 접어야겠다고 생각했을지도 모르겠다. 그러나 이는 과장이 아니라 현실이다. 그래도 다행인 것은 진정성 있는 양심적인 업체도 분명 있다는 것이다. 국제결혼을 해서 잘 살고 있는 다문화가정이 바로 그 증거이다. 나도 거기에 포함된다. 세상엔 나쁜 사람이 있으면 좋은 사람도 있다. 국제결혼 업체도 마찬가지다. 나쁜 업체가 있으면 좋은 업체도 당연히 있다.

그럼 국제결혼 업체를 선택할 때 가장 중요한 것은 무엇일까? 핵심만 3가지로 정리하면 다음과 같다.

첫째, 업체 대표의 진정성을 느껴라. 당신은 상대방이 나를 진심으로 대하는지, 가식으로 대하는지 어떻게 판단하는가? 나의 경험을 비추어 말하자면 진정성 있는 사람은 나에게 좋은 말만 하지 않는다. 업체 대표가 자신의 이익만을 위해 일하려 하는지 신랑의 행복을 위해 일하려 하는지는 여기서부터 판가름 난다.

비양심 업체들의 공통적인 면은 좋은 점만 말한다는 것이다. 이것은 좋지 않은 것을 말하면 남성이 국제결혼을 하려는 마음을 접을지도 모른다는 생각에서 비롯된다. 나는 한때 카드영업을 했다. 영업을 할 때 사람들에게 한 장이라도 발급시키기 위해 안 좋은 점보다는 좋은 점들만 말했다. 안 좋은 점에 대해서는 일부러 포장해서 말했다. 그래야 사람들이 '이 카드는 좋은 점이 정말 많네.'라고 생각하며 발급을 받기 때문이었다. 그러나 진정성 있는 영업을 하려 했다면 안 좋은 점도 솔직히 말하고 사람들이 판단할 수 있는 여지를 주는 것이 맞았다. 그러면 사람들은 나의 솔직한 모습에 이끌려 '이 사람 믿을 만한 사람이구나'라고 느껴 소개까지 해주었을지도 모른다.

둘째, 비용으로만 접근하지 마라. 국제결혼 업체에서 말하는 비용은 그야말로 고무줄처럼 줄었다가 늘었다가 한다. 그만큼 편차가 심하다는 얘기다. 이 때문에 인터넷에 고민 글을 올리는 남성들을 종종 볼 수 있다. "같은 나라인데 비용은 거의 2배나 차이가 나요." "편차가 심해 어느 쪽도 신뢰가 안 가요." 업체마다 비용이 다른 이유는 제공하는 서비스 차이 때문이다. 같은 나라인데 비용이 심하게 차이가 난다면, 한쪽은 서비스의 질이 낮고 한쪽은 높다는 것이다. 아니면 둘 중 한군데가 비양심 업체일 수 있다. 이런 가격의 차이에 대해서 혼란스럽다면 직접 대표를 만나 상담을 받는 것이 가장 좋다. 상담을 받는 과정에서 비용에 대해 납득이 간다면 그 업체를 선택하면 된다. 그리고 너무 낮거나 높은 비용이라면 그 업체는 피하라고 말하고 싶다. 국제결혼 업체의 비용은 적게는 1,000만 원, 많게는 3,000만 원 가까이 받는 곳도 있다. 하지만 비용에만 신경 쓰기보다 비용 너머에 있는 것을 봐야 한다. 비용이 싸든 비싸든 중요한 건 당신이 국제결혼을 한 뒤 행복하게 사는 것이다.

셋째, 인터넷으로만 정보를 찾지 마라. 아이러니한 사실 하나 말해주겠다. 국제결혼을 결정하고 나서 난 인터넷 검색을 한 번도 하지 않았다. 지인 소개로 업체가 결정된 이유도 있었지만, 비용이나 궁금한 것을 굳이 검색해서 찾아보지 않았다. 뭔가 인터넷에 있는 글을 읽으면 혼란만 커질 것 같다는 생각 때문이었다. 인터넷에서 국제결혼에 관한 고민 글들을 읽다 보면 정성스럽게 달린 답변을 보게 된다. 그러면 언제나 답변 안에는 '업체 대표와 상담을 해보시라'는 조언이 있다. 질문자가 그 답변을 읽고 진짜 업체 대표를 찾아가 상담을 받았는지는 모르겠다. 분명 어딘가에 인터넷으로만 정보를 모으고 판단하려는 사람이 있을 텐데, 인터넷은 참고사항이지 판단에 절대적인 부분은 아니다. 진정한 정보를 얻고 답을 구하고자 한다면 일단 대표를 만나야 한다. 국제결혼도 결국 사람이 하는 일인데 나의 인생을 좌지우지할 사람을 만나보지도 않고 판단하는 것은 어리석은 일이다.

사실 난 믿을 만한 지인의 소개라는 이유로 업체를 선정했다. 그리고 여기저기 알아보는 것을 싫어하는 나의 성향도 한몫했다. 그렇게 2군데의 업체를 거쳐 국제결혼을 하고 나서 느낀 것은 사람은 겪어봐야 안다는 것이다. 난 국제결혼은 하나의 경로를 통해서 하는 것이 좋다고 생각하지 않는다. 어떤 경로로 국제결혼을 하든 결국에는 사람이 일하기 때문이다. 이 점을 염두에 둔다면 업체를 선정하는 데 가장 중요한 것을 놓치지 않을 거라 생각한다.

2

아내는 인생에서 가장 귀한 손님이다

몽골에서는 먼 곳에서 귀한 손님이 방문하면 귀한 음식을 내어 대접한다. 그들은 손님이 방문하면 '수태차'(우유에 찻잎을 넣어 끓인 차)를 내오는 것을 시작으로 양고기를 넣은 음식을 준비한다. 그리고 손님이 편하게 쉴 수 있도록 잠자리도 제공한다. 나는 몽골을 직접 가보지는 않았지만 다큐멘터리나 〈정글의 법칙〉에서 이런 모습을 본 기억이 난다. 〈정글의 법칙〉에서 병만족은 몽골뿐 아니라 세계 각 지역의 부족을 방문했었다. 그때마다 그 나라 사람들은 각자의 문화에 맞춰 손님을 대접했다. 나는 그들의 모습을 보며 아내를 대할 때도 이들처럼만 한다면 사랑이 넘치겠다는 생각을 했다.

아내를 아내로 대해야지 무슨 손님으로 대하냐고 생각할지도 모르겠다. 그러나 아내를 진정 아내로 대하고 있는지부터 스스로 자문해봐야 한다. 아내에게 막말하고 무시하고 막 대한다면 그것이 아내로서 대하는 게 맞다고 말할 수 있을까. 내가 아내를 손님으로 비유한 데는 다른 이유가 있다.

손님을 대할 땐 대표적으로 2가지 감정을 갖는다. 첫 번째는 '존중'이다. 존중이라는 말은 '높이어 매우 귀중하게 대함'이란 뜻을 갖고 있다. 이는 손님이 먼 곳에서 오셨고 또 언제 오실지 모르기에 매우 귀하게 대하는 마음과 같다. 두 번째는 '예의'다. 예의는 기본적으로 갖추어야 할 덕목이기도 하지만 손님을 귀중하게 대하기 때문에 자연스럽게 나오는 것이기도 하다. 난 몽골 사람이든 아프리카 사람이든 손님을 대할 때 무의식적으로 이러한 마음을 갖고 있다고 생각한다.

한국 사람들도 손님이 오면 정중히 대접한다. 엄마는 명절 때나 예기치 못한 상황에 손님이 오면 언제나 다과상을 내오셨다. 그리고 손님이 가실 때면 그해에 한 고춧가루와 참기름을 주셨다. 전 세계 어느 나라를 가더라도 손님을 박하게 대하는 경우는 거의 없다. 나의 집을 방문한 것 자체만으로도 손님을 환영하고 대접한다. 하물며 한집에서 생활하고 내 옆에 있어주는 아내는 더 대접받아야 하지 않을까.

내가 아내에게 해준 첫 번째 음식은 닭볶음탕이었다. 평소 아내는 마트를 가면 돼지고기보다는 닭고기를 많이 샀다. 알고 보니 라오스나 베트남 모두 닭고기를 많이 먹는 편이었다.

나는 아내에게 사진을 보여주면서 한국식 닭요리를 해주겠다고 했다. 붉은 양념이 묻은 닭고기를 보더니 아내는 맛있을 거 같다며 기대했다. 참고로 내가 군대에서 취사병으로 있을 때, 가장 자신 있게 한 음식이 바로 닭볶음탕이었다. 다행히도 아내는 내가 해준 닭볶음탕을 맛있게 먹었다. 닭고기도 좋아하고 매운맛도 좋아하니 실패 확률이 적은 음식이었다. 아내에게 음식을 해주면 좋은 점들이 참 많다. 나처럼 향신료에 거부감이 있는 사람은 스스로 음식을 해서 먹으면서 음식에 대한 불만이 사라진다. 그리고 아내는 자신을 위해 음식을 하는 남편을 보며 사랑을 느끼게 된다. 이런 사랑을 받은 아내는 자신도 남편에게 맛있는 음식을 해주고자 하는 마음이 들게 한다.

손님을 맞이하는 사람은 손님에게 대접받으려고 하지 않는다. 손님이 편히 지낼 수 있도록 아낌없이 대접한다. 국제결혼을 한 아내는 가까운 옆 동네에서 온 손님이 아니다. 먼 나라에서 온 손님이다. 이는 손님이 잘 지낼 수 있도록 남편이 아낌없이 대접해야 하는 이유기도 하다.

아내가 일을 시작한 지 벌써 4개월이 지났다. 처음엔 일하고 싶다고 노래를 불렀는데 지금은 피곤하고 어깨 아프다며 노래를 부른다. 그때마다 난 아내가 안쓰럽다. 한창 꾸미고 싶고 놀고 싶은 나이인데 부모님께 도움을 드리려고 참고 일하고 있으니 말이다. 그런 모습을 보고 난 어떻게 하면 아내가 힘을 낼 수 있을까 생각했다. 퇴근하고 집에 오면 위로와 힘을 얻길 바라고, 쉬는 날이면 일할 때 쌓였던 스트레스를 풀어주고 싶었다. 그래서 자연스럽게 하게 된 것이 바로 집안 살림과 쇼핑이다.

나는 지금처럼 국제결혼을 주제로 책을 쓰고 코칭하기 전에는 평범한 직장생활을 했다. 그때는 아내가 일하기 전이었기에 집안 살림을 도맡았다. 그런데 일을 시작하고 나서는 빨래, 청소, 밥하는 것을 내가 해야 했다. 아내에게 퇴근하고 나서 하라고 할 수도 있었지만, 하루 12시간씩 일하고 밤늦게 오는 아내에게 그럴 순 없었다.

나 또한 시간이 여유롭지는 않았지만 누군가는 해야 했다. 다행인 것은 살림이라고 해봐야 그리 많지 않다는 점이었다. 사실 결혼하기 전부터 내가 해왔던 일이다. 청소하고 밥하고 빨래하는 것은 총각 때부터 계속해왔다. 다만 달라진 게 있다면 빨래하는 횟수가 늘었다는 것과 아내가 좋아하는 찹쌀을 씻어놓는 것이다.

아내는 힘들게 일하고 집에 와서 깨끗이 정돈된 집과 가지런히 널린 빨래, 물에 불린 찹쌀을 맞이하게 된다. 옷을 갈아입고, 샤워하고, 밥을 먹고 나면 정돈된 집은 다시 치워야 할 것들이 늘어나지만 아내가 어지럽힌다고 해서 뭐라고 하진 않는다. 뭐라 해서 아내가 바뀌는 것을 기다리는 것보다 내가 치우는 게 더 빠르단 걸 알기 때문이다. 아내는 이런 것들을 보면서 내색하진 않는다. 내가 살림을 도우면서 고맙다는 말을 기대한 것도 아니었다. 다만 아내가 집에 와서 이런 것들로 스트레스를 안 받길 바라는 마음뿐이었다.

주말에 우리 부부는 쇼핑을 하러 나간다. 굳이 옷을 사지 않더라도 말이다. 시내 나가서 밥을 먹고 커피숍을 가고 여기저기 구경을 한다. 그러다 보면 아내는 어느덧 일할 때 받았던 스트레스와 피로를 날려버린다. 바로 쇼핑을 하러 나오는 이유이다. 아내는 일주일 동안 쌓였던 답답함과 스트레스를 옷을 사고 맛있는 것을 먹으면서 하나둘 털어낸다. 집에서만 있으면 느낄 수 없는 감정이기도 하다. 처음엔 시내 가는 것을 어색해하던 아내도 이제는 먼저 나서서 나가자고 한다. 하지만 가끔은 피곤하고 걷기 귀찮아 나가기 싫을 때도 있다. 그럴 때면 내 몸은 편하지만 마음은 편치 않다. 반대로 피곤하고 다리가 아프더라도 같이 나가면 마음은 편해진다. 하나를 받으면 하나를 잃고, 하나를 잃으면 하나를 얻게 되는 삶의 공식이 소소한 일상에서도 드러나는 순간이었다.

어떻게 보면 나나 당신은 아내를 만나기 위해 먼 길을 돌아왔다. 시간도 오래 걸렸다. 순탄치 않은 과정도 있었고 맘고생도 따랐을 것이다. 결코 지금의 아내, 미래의 아내를 쉽게 만나게 된 것이 아니라는 말이다. 부족한 게 많고 실수도 많은 나의 아내를 그저 철없는 아이 취급했다면 잔소리만 늘었을 것이다. 하지만 내 인생에 배우자로서 온 손님으로 바라보기 시작하니 실수와 부족함은 내가 채워줘야 할 것으로 바뀌었다. 나는 오늘도 주어진 환경 속에서 손님을 맞이할 준비를 하고 있다. 당신도 아내를 귀한 손님으로 맞이하길 바란다.

3

혼자 결정하고 혼자 떠나라

인생을 살다 보면 선택을 해야 하는 순간이 있다. 사실 우리는 잘 느끼지 못하지만 매일매일 일상이 선택의 연속이다. 기상시간 알람을 6시에 맞춰놓았다. 알람소리를 듣고 바로 일어날지 5분만 더 자고 일어날지도 선택이다. 점심에는 무엇을 먹을지도 선택이다. 잠들기 전 핸드폰을 좀 더 하다 잘지, 바로 잘지도 선택이다. 이렇듯 우리는 눈을 뜨고 감을 때까지 매순간 선택을 한다. 하루하루 일상 속에서 해야 하는 소소한 선택도 있지만, 인생을 좌우하는 굵직한 선택도 있다. 결혼은 남녀 모두 공통적으로 인생에서 중대한 선택 중 하나이다. 요즘에는 비혼자도 많다지만 행복한 결혼 생활을 꿈꾸는 이들도 많다. 국내결혼은 연인이 되어 결혼

하는 과정까지 조언이나 도움을 주변에서 쉽게 구할 수 있다. 그와는 달리 국제결혼은 선택하는 것 자체가 쉽지 않은 일이다. 주변에서 도움을 구할 곳도 마땅치 않다.

이것이 내가 이 책을 쓴 이유이기도 하다. 대부분의 국제결혼을 준비하는 남성들이 도움이나 정보를 얻는 곳은 인터넷이다. 인터넷에 고민 글을 올리고 카페나 홈페이지에 들어가서 정보를 탐색한다. 나는 이 남성들이 주변에 물어볼 곳도 도움을 구할 곳도 마땅치 않기 때문에 인터넷에서 도움을 얻으려 한다는 것을 알고 있다. 그리고 그 마음 또한 충분히 이해한다. 주변에 물어보면 응원하는 사람도 있지만 가까운 친구나 가족은 대부분 걱정스러운 반응이다. 이렇게 서로 다른 반응을 접하다 보면 남성은 국제결혼에 대한 확신을 갖기 어려워진다.

내가 국제결혼에 대한 제의를 받은 건 6년 전이었다. 그때 형님은 농담처럼 말했지만 지금 내가 국제결혼을 한 사실을 보면 말이란 참 무섭다는 느낌마저 든다. 사람은 공부든 일이든 스스로 하고자 하는 마음이 일어날 때 행동으로 옮긴다. 동네 뒷산을 인력으로 옮길 수는 있어도 사람 마음은 그 어떤 것으로도 옮길 수 없다. 사람 마음이라는 게 그런 것이다. 6년 전 형님이 나에게 '국제결혼'을 생각해보라고 했을 땐 나는 '미쳤냐'고 했다. 그런데 그랬던 내가 사진을 보고는 가고 싶은 마음이 생겼다.

우스갯소리로 대통령이 와서 말려도 가야겠다는 마음이 생긴 것이다.

며칠 전 친구에게 전화가 왔다. 오랜만에 걸려온 전화라 난 '이 녀석 결혼하는구나.'라고 생각했다. 사실 오랜만에 친구에게서 전화가 오면 둘 중 하나인 경우가 많다. 결혼하니까 오라거나 부탁할 것이 있는 것이다. 그러나 이번에는 조금 달랐다. 친구는 물어볼 게 있어서 전화를 했다. 그리고 그 질문은 나의 예상을 빗나갔다.

자신의 사촌동생도 국제결혼을 하고 싶어 한다고 나에게 말했다. 그리고 나에게 국제결혼 업체를 소개해달라는 부탁을 했다. 나는 궁금증이 생겨 친구에게 이것저것을 물어보았다. 사촌동생의 나이는 몇 살인지, 왜 국제결혼을 하려하는지 등을 물었다. 사촌동생은 나보다 무려 6살이나 적은 30살이었는데 국제결혼을 선택한 것이었다. 사촌동생이 국제결혼을 선택한 이유는 연애의 어려움 때문이었다. 이 점은 나와 비슷한 부분이었다. 나는 친구에게 30살이면 아직 국제결혼을 하기 이른 나이인데 왜 벌써 가려고 하는지를 다시 물었다. 친구는 사촌동생이 '한국 여자 더 이상 못 만나겠다.'는 말을 한다고 했다. 나는 사촌동생이 왜 이렇게 말했는지 대충 짐작이 갔다. 연애가 뜻대로 풀리지 않고, 실패할수록 자존감이 낮아져 더 이상 상처받고 싶지 않은 마음이 있었을 것이다. 그렇다고 결혼을 안 할 수는 없으니 대안으로 생각한 게 국제결혼인 것이다. 친구의 사촌동생을 직접 만나진 않았지만 스스로 결정한 용기에 박수를 보내주고 싶었다. 다행히 사촌동생의 경우는 집안의 반대도 없었다. 아마 인터넷이나 유튜브에 있는 영상에서 정보를 얻다가, 사촌형의 친구가 국제결혼을 한 사실을 알고 부탁했을 것이다. 아니면 친구가 사촌동생에게 소개를 해주겠다고 했든지 말이다. 나는 친구에게 업체 사장님의 연락처를 건네주었다. 그리고 사촌동생이 잘 준비해서 성공적인 국제결혼을 하길 마음속으로 응원했다.

국제결혼에서 혼자 결정하는 것은 중요한 부분이다. 스스로의 판단이 아닌 가족이나 주변에 떠밀려서 하는 국제결혼은 자칫 부작용이 있을 수 있기 때문이다. 그 부작용은 2가지로 볼 수 있다. 하나는 나중에 결혼 생활하면서 생기는 모든 문제를 본인의 책임이 아닌 주변으로 돌린다는 것이고 다른 하나는 스스로 결정한 선택이 아니기에 책임감이 뒤따르지 않을 수 있다는 것이다. 스스로 판단하고 결정했다면 본인이 선택한 결정에 책임감을 갖게 된다. 누구를 비난하거나 원망하지 않게 된다. 하지만 자신의 의지 50%, 주변의 권유 50% 정도의 비율로 100% 자기 의지가 아니라면 핑계 댈 여지가 생기는 것이다.

나는 국제결혼을 하러 갈 때 혼자서 갔다. 혼자서 갔다는 말은 맞선을 볼 신랑이 나 혼자라는 말이기도 하다. 처음에는 몰랐지만 나중에 일을 진행하면서 알게 된 사실은 혼자 가는 게 좋다는 것이었다. 나는 국제결혼 일정이 잡히고 출국할 때 적어도 2~3명의 신랑과 같이 갈 거라고 생각했다. 나도 모르게 그런 생각이 자연스럽게 들었다. 여럿이 가면 서로 의지도 되고 힘도 얻을 수 있겠다는 나름의 해석도 있었다. 그러나 업체 사장님은 나에게 혼자서 갈 거라고 말씀하셨다. 그 말을 듣고 사장님에게 물었다. "여럿이 가는 거 아니었어요? 적어도 2~3명이 같이 갈 줄 알았는데." 업체 사장님은 나의 반응을 보고는 설명을 해주셨다. 여럿이 가면 신부를 더 많이 섭외해야 하고 챙겨야 할 신랑들도 많아져 집중도가 떨어진다는 것이었다. 그리고 누가 어떤 사람을 마음에 들어 할지 모르는 상황에서 원하는 여성이 겹치기라도 하면 상황이 복잡해질 수 있다는 점도 말했다. 차라리 혼자 가는 게 더 낫다는 사장님의 조언이었다.

듣고 보니 일리가 있었다. 업체 사장님의 말을 듣고 내가 당연하게 생각했던 게 그리 좋은 건 아니라는 사실을 알게 되었다. 그래서 나는 업체 사장님과 단둘이 라오스를 갔다. 단둘이라서 편하게 묻고 싶은 것을 물었다. 그리고 걱정되는 부분들에 대해서도 이야기를 나누었다. 사장님도 신랑이 나 하나이기 때문에 편하게 이야기를 들어주고 조언도 해주셨다.

국제결혼 업체마다 일을 진행하는 과정에는 큰 차이가 없다고 본다. 다만 상황에 따라 한 명의 신랑만 갈 수도 있고, 2~3명이 가는 경우도 있을 것이다. 어느 하나가 정답이라고 말할 순 없지만, 내 경험에 비추어 보면 혼자서 가는 게 좋았다. 이 부분에 대해서는 각자가 선택한 업체 대표와 상담을 통해 맞추면 될 것이다.

한국 사람들은 유독 타인의 시선을 신경 쓴다. 좋은 동네와 고급 아파트에 사는 것, 고급 차를 타는 이유에 그런 이유가 포함된다. 나 역시 이런 시선을 의식해서 차를 바꾼 경험이 있다. 하지만 내면에 강한 믿음이 있다면 더 이상 타인을 의식하지 않게 된다. 국제결혼을 혼자서 결정하고 진행한다면 더더욱 당당해져야 한다. 이것은 스스로 선택했기 때문에 나올 수 있는 당당함이다. 국제결혼을 혼자 결정하고 진행하기 위해서 반드시 지녀야 할 마음이기도 하다.

4

그 나라의 문화를 이해하고 공부하라

2장에 이어서 공부하라는 말을 또 넣어 유감스럽게 생각한다. 그래서 여기서는 공부라는 말보다는 '이해한다'는 말에 초점을 맞춰 읽길 바란다. 사실 공부보다는 이해하는 마음이 더욱 중요하다고 생각한다. 아무리 그 나라의 문화와 언어를 빠삭하게 안다 해도 이해하는 마음이 없다면 그것은 죽은 지식이나 마찬가지이기 때문이다.

문화를 이해하는 건 생각보다 쉬울 수도 어려울 수도 있다. 이것은 한국으로 시집온 이주여성들이 살아오던 방식을 한 번에 바꾸기가 쉽지 않은 것과도 비슷하다. 너와 내가 생각하는 방식이 다르듯이 나라와 나라 사이의 문화 차이는 당연하다. 나도 그랬지만 우리는 가끔 이 차이를 수학 문제 보듯 보는 경향이 있다. 정답과 오답이 있다고 보는 것이다. 그런데 과연 살아가는 방식에 정답이 있을까. 난 없다고 본다. 있다고 할 사람도 있을 것이다. 그것도 맞다. 왜냐면 정답은 없으니까. 다만 우리는 부부 화합을 이루기 위해 자신이 가지고 있던 편견을 잠시 내려놓고 멀리서 다시 바라볼 필요가 있다.

내가 국제결혼을 하고 나서 다시 보는 것 중 하나가 〈EBS 다문화 고부열전〉이라는 프로그램이다. 그전에는 내 삶과는 크게 관련이 없어서 잠깐 보고 말았다. 주의 깊게 보지 않고 그저 스치듯 채널을 돌리다 보는 경우였다. 하지만 내 일이 되고 나서는 사소한 내용이더라도 유심히 본다.

한번은 베트남 며느리와 시어머니의 갈등을 겪는 장면을 보게 되었다. 며느리의 불만은 일을 하고 싶은데 시어머니가 자꾸 반대한다는 것이었다. 시어머니는 남편이 돈을 버니 며느리가 집안에서 살림만 하길 바랐다. 며느리의 불만은 이것만이 아니었다. 퇴근을 하고 집에 온 남편이 가사 일을 도와주지 않는다는 점도 불만이었다. 시어머니는 며느리의 이런 불만을 이해하지 못했기에 갈등은 점점 심해졌다. 남편도 아내의 불만을 이해하기보다 저러다 말겠지 하는 식이었다.

시어머니와 남편은 베트남 문화에 대한 이해가 부족했기 때문에 이러한 갈등이 커져갔다고 생각한다. 베트남은 1945년부터 약 30년 간 여러 나라와 전쟁을 치렀던 나라다. 남자들은 전쟁터로 가야 했고, 여자들은 집안의 살림뿐 아니라 먹고사는 문제를 해결해야 했다. 이런 역사가 있기 때문에 베트남 여자들은 생활력이 무척 강하다. 경제권도 여자들이 쥐고 있고 가정에 대한 책임감도 여자들이 훨씬 강하다. 그래서 거의 대부분의 베트남 여성이 일을 한다. 반대로 남자들은 집안 살림을 하거나 한가로이 여유를 즐긴다. 오랜 전쟁을 치른 환경 때문에 굳어진 모습이다.

베트남 며느리, 아내가 이런 환경에서 나고 자란 걸 알았다면 갈등은 그나마 많이 줄어들었을 거라고 생각한다. 일을 하고 싶은 이유는 강한 생활력에서 나오는 자연스러운 욕구였다. 가사 일을 도와주는 것도 베트남에서는 자연스러운 것이었기에 남편에게 요구했던 것이었다.

베트남에는 '에데족'이라는 소수민족이 있다. 이 소수민족 마을에는 독특한 문화가 있는데 바로 남녀의 역할이 바뀐다는 것이다. 남자는 결혼하면 여자 집에 들어가 살림을 맡고, 여자는 밖에 나가서 농사 등으로 돈을 번다고 한다. 집안의 모든 살림은 장인어른과 사위가 하는데, 장인어른이 사위에게 요리를 전수해주는 진풍경이 연출된다. 신부는 신랑을 돈과 돼지 등을 시댁에 주고 사온다고 한다. 결혼 후 신랑은 본가에 가고 싶어도 마음대로 갈 수 없다고 하니, 이주여성들의 현실과 닮아 있다.

상대방을 이해하는 데 가장 좋은 방법은 그 사람의 입장이 되어보는 것이다. '역지사지'의 마음으로 말이다. 나는 '역지사지'가 이주여성들을 이해하는 데 가장 적합한 사자성어라고 생각한다. 만약 사례 속 베트남 아내의 남편이 '에데족'의 처가살이를 체험해본다면 역지사지의 뜻은 더 와닿을 것이다.

내가 국제결혼 하고 나서 처음 문화 차이를 느낀 부분은 생각하지도 못했던 것이었다. 나는 빨래하는 것에서 문화차이를 느꼈다. 아내가 처음 한국에 왔을 때는 여름이었다. 라오스에서 가지고 온 옷이 있지만 여벌의 옷을 더 사주었다. 그런데 아내는 옷을 한번 입고는 바로 세탁기에 넣어버렸다. 옷은 아직 2~3번은 더 입을 수 있을 정도로 깨끗하고 땀을 그렇게 많이 흘린 것도 아니었다. 나는 아내에게 "옷을 한 번밖에 안 입었는데 왜 벌써 세탁기에 넣느냐?"라고 물어봤다. 아내는 '그냥'이라고 대답했다.

이런 차이로 인해 나는 빨래하는 것 때문에 아내와 수차례 다퉜다. 나는 아내가 왜 이러는지 영문도 모른 채 한동안 답답한 마음으로 그냥 지켜보았다. 그렇게 여름이 지나고 겨울이 왔다. 라오스는 겨울옷이 필요가 없었기 때문에 나는 아내에게 겨울옷을 사주었다. 인터넷으로 검색하다가 흰색 패딩이 눈에 들어와서 결재를 했다. 아내는 내가 사준 옷을 마음에 들어했다. 그리고 이번에도 역시 한 번 입고는 바로 세탁기에 돌리려고 했다. 겨울옷은 특성상 1~2번 입고 세탁하기에는 다소 무리가 있다. 소재 때문에 그냥 세탁기를 돌려서도 안 되지만, 맡긴다 해도 비용이 만만치 않기 때문이다.

물론 아내는 겨울옷을 입어보는 게 처음이라 그럴 수 있다고 생각했다. 하지만 겨울옷은 한 번 입고 빠는 게 아니라는 사실을 아내에게 이해시키는 건 쉽지 않았다. 내가 적극적으로 말렸기 때문에 빨래를 하진 않았지만 이내 아쉬운 듯한 표정이었다.

그렇게 한참이 지나서야 아내가 빨래를 자주 하는 이유가 라오스의 고온다습한 기후 때문이라는 사실을 알 수 있었다. 아내는 한 번 입은 옷은 바구니에 모아두어 한번에 빨래한다고 했다. 라오스가 1년 내내 고온다습한 기후라는 사실은 나도 알고 있었지만 그런 기후가 생활방식에 어떤 영향을 미치는지에 대해서는 생각해보지 않았던 것이다. 생활 속에서 나와 다른 점이 생기면 아내의 환경을 기준으로 생각하는 것이 아니라 내가 살아온 방식을 기준으로 먼저 판단했다. 아내의 입장에선 한 번 입고 빨래하는 게 당연한데 내가 자꾸 안 된다고 하니 본인도 답답했을 것이다.

지금은 아내가 일을 하기 때문에 빨래를 더 자주 한다. 그리고 어느 순간부터 그런 일상이 자연스럽게 느껴지기 시작했다. 인간은 특별한 경우를 제외하면 어떤 환경에서든지 적응해 살아간다. 처음에는 불편했던 것이 시간이 지나면 자연스럽고 편해진다. 생활방식도 마찬가지다. 처음에는 너무 낯설어서 정답이 아닌 것처럼 보이는 방식도 하다 보면 마치 이전부터 해왔던 것처럼 느껴진다.

국제결혼을 한 가정을 다문화 가정이라고 말한다. 다문화의 뜻은 '한 사회 안에 여러 민족이나 여러 국가의 문화가 혼재'하는 것을 이르는 말이다. 사람의 가치가 모두 평등하고 같듯이 문화도 마찬가지다. 어느 나라의 문화가 더 우월하고 가치 있는 것은 아니다. 서로의 문화가 먼저라고 주장하기보다 인정부터 해야 한다. 서로의 문화를 인정하는 순간 좋은 점도 받아들일 수 있는 접점이 생기기 시작한다. 나는 다문화를 이룬 가정은 또 다른 축복을 받았다고 생각한다. 하나의 문화가 아닌 다채로운 문화를 경험할 수 있는 기회를 얻었기 때문이다.

5

지키지 못할 약속은 하지 마라

TV를 보는데 외국인이 한 프로에서 한국인들의 이해할 수 없는 문화에 대해 말을 하고 있었다. '한국 사람들은 언제 밥 한번 먹자고 말하고선 왜 그 약속을 지키지 않는 거죠?'라는 내용이었다. 나는 이 장면을 보면서 웃기기도 했지만 한편으론 뜨끔하기도 했다.

한국 사람들은 '언제 밥 한번 먹자'는 말을 인사치레로 많이 한다. 고마움을 표시할 때나 오랜만에 만나서 다음을 기약할 때 이런 표현을 종종 한다. 말을 하는 사람이나 상대방은 이 말에 크게 의미를 두지 않는다. 말 그대로 인사치레로 하는 말이니 상대방도 그렇게 알아들을 거라 생각하는 경향이 있는 것이다. 물론 상대방도 '언제 밥 한번 먹자'는 말에 큰 의미를 두지 않는다. 그래서 이 말로 인해 나중에 약속이 이행되지 않더라도 실망하거나 원망하는 일들이 거의 없다.

외국인은 아마도 한국의 이런 문화를 몇 번 겪어보지 않아 이해하지 못했던 것 같았다. 하지만 외국인이 한 말은 다시 한 번 곱씹어 볼만한 문제다.

당신은 약속을 얼마나 잘 지키는가. 이런 질문에 바로 "전 약속을 잘 지키는 사람입니다."라고 말할 사람은 많지 않을 것이다. 누구나 약속 1~2번쯤은 다 어겨본 경험이 있기 때문이다. 그중 가장 흔하게 하는 약속은 친구와의 약속이라 생각한다. 주말저녁 친구와 약속을 잡아놓고서 나가기 귀찮거나 다른 일이 생겨서 약속을 어긴다. 나 또한 이런 경험을 여러 번 했다. 나가기 귀찮아서 약속을 어긴 적도 있고 상대방이 약속을 지키지 않아 마음 상했던 적도 있었다.

한번은 예전에 같이 일했던 동생에게 전화가 왔다. 오랜만에 온 전화라서 반가웠다. 서로 안부를 묻던 중에 동생은 언제 한번 보자는 말을 먼저 건넸다. 나는 반가운 마음으로 그러자며 언제 볼지 약속날짜를 정했다. 그런데 약속 당일이 되자 동생은 다른 일이 생겨서 못 만날 것 같다는 말을 전했다. 나는 전날도 아니고 당일에 약속이 취소되니 갑자기 짜증이 올라왔다. 하지만 동생이 많이 미안해하는 것 같아 내색하지는 않았다. 대신 "나중에 네가 밥이랑 술 다 사."라는 말로 마음을 대신 표현했다.

한 달 정도가 지나고 동생에게서 다시 전화가 왔다. 이번에도 동생은 언제 한번 보자는 말을 했다. 나는 지난번처럼 또 퇴짜 놓는 거 아니냐며 은근 불편한 심기를 드러냈다. 동생은 민망한 듯 지난번에는 어쩔 수 없었다는 말만 했다. 그리고 이번에는 그럴 일 없으니 걱정 안 해도 된다고 전했다. 나는 다시 동생과 만날 날짜를 정했다. 그리고 이번에는 당연히 약속을 지킬 거라고 생각했다.

일주일이 지나고 만나기로 한 당일이 되었다. 약속시간까지 아직 한참 남았지만 나는 동생에게 먼저 전화를 걸었다. 그런데 동생은 전화를 받지 않았다. 나는 일하고 있어서 못 받는다고 생각했다. 그러나 이후로 2~3번 더 전화를 해도 역시나 받지 않았다. 결국 그날도 약속은 그렇게 취소되었다. 나는 동생이 전화를 받지 않아서 무슨 큰일이 생긴 건지 걱정이 되었다. 그리고 한편으로는 아무리 큰일이 생겼어도 전화 한 통은 해줄 수 있지 않나 하는 생각도 들었다. 그리고 보통 약속을 해놓고 큰일이 생기면 사태가 수습되고 다음 날이나 늦어도 그다음 날에는 연락을 해주는 게 일반적인데 동생은 며칠이 지나도 연락 한 번 없었다.

동생에게 다시 전화가 온 시점은 두 달 뒤였다. 나는 핸드폰에 뜬 동생의 이름을 보면서 받고 싶다는 생각이 들지 않았다. 꼭 나뿐만 아니더라도 다른 사람들이 이런 비슷한 경험을 하면 크게 다르지 않을 것이다. 약속을 깨는 횟수가 늘어날수록 우리는 그 사람을 신뢰하지 않게 된다. 나는 이미 이전 일로 그 동생을 신뢰하지 않게 되었다. 전화기 너머로 동생이 무슨 말을 하든지 의심할 게 분명했다. 만약 동생이 두 번째 약속 때 전화라도 주었다면 전화를 안 받지는 않았을 텐데 말이다. 신뢰란 쌓기는 어려워도 무너지는 것은 순간이라는 사실을 다시 한 번 느꼈다.

국제결혼에서도 약속 때문에 생기는 문제가 있다. B씨는 베트남으로 맞선을 보러가기 위해 비행기를 탔다. 마음속은 사진 속의 여성을 만날 생각에 한껏 기대에 차 있었다. 나 같은 경우 사진과 실물이 차이가 나서 실망한 경우지만, B씨는 사진 속의 모습과 실물이 크게 다르지 않았던 것 같았다. 맞선에 나온 아가씨가 너무 마음에 든 B씨는 흔쾌히 아가씨를 선택했다. 그러나 문제는 아가씨가 B씨를 마음에 들어 하지 않는다는 것이었다. 당황한 B씨는 아가씨의 마음을 돌리기 위해서 고민하기 시작했다. 그리고 생각 끝에 아가씨 부모님 측에 매달 용돈과 새 집을 지어드리는 것을 약속했다. B씨의 제안이 꽤 마음에 들었던 아가씨는 결국 B씨와 결혼을 하게 되었다.

결혼 후 한국으로 와서 살게 된 베트남 여성은 남편에게 약속한 것에 대해서 묻기 시작했다. 하지만 맞선 때와는 달리 B씨는 아내의 질문을 피하기만 했다. 그러자 아내는 남편에게 더 집요하게 물었다. 집에 용돈은 언제 보내줄 것인지, 새 집은 언제 지어줄 것인지를 물었다. B씨는 아내의 질문에 답하기보다는 외면하기 일쑤였다. 남편의 달라진 태도에 크게 상심한 아내는 이 문제를 두고 B씨와 계속 다투게 되었다.

내가 국제결혼을 하러 가기 전 봤던 사진 중에도 상당한 미인이 있었다. 다소 과장해서 표현하자면 미스코리아 느낌이 났다. 업체 사장님은 나의 반응을 보며 사진보다 실물이 훨씬 미인이라는 말씀을 해주셨다. 아쉽게도 이 여성은 맞선장소에 나오지 못했다. 만약 맞선장소에 나왔다면 지금의 아내가 바뀌었을지도 모를 일이다. 그런데 아가씨가 나를 마음에 들어 하지 않아서 내가 앞의 사례처럼 무리한 약속을 했다면 어땠을까.

아내는 내가 약속을 지키지 않은 결과로 나를 더 이상 신뢰하지 않을 것이다. 그리고 이 문제는 모든 생활과 연결되어서 더 커져갔을 거라고 본다. 신부를 선택할 때 너무 마음에 들어서 이런 무리수를 두면 안 된다. 지금 당장은 예쁜 아내를 얻어서 만족하겠지만 그 대가는 반드시 치르게 된다. 신뢰는 한 번 잃으면 다시 쌓기가 정말 힘들다. 부부 관계도 마찬가지다. 더구나 사례 속 남성은 결혼한 시작 지점부터 신뢰를 잃었기 때문에 다시 회복하기 더 힘들어진다.

요즘에는 정말 많이 좋아졌지만 나는 처음 아내와 많이 다투었다. 대부분 사소한 문제 때문에 싸웠다. 핸드폰을 하는 데 귀찮게 해서 다퉜고, 설거지하는 게 시끄럽다고 해서 싸웠다. 사소한 것들만 열거하자면 한도 끝도 없을 정도로 많다. 그렇게 다투다 보면 항상 아내가 울고 다툼은 절정으로 다다른다. 참 미련한 게 아내가 울고 있는 모습을 보면 그렇게 마음이 안 좋고 아픈데도, 그 사실을 망각하고 또 다툰다는 것이다.

아내가 울기 시작한 지 5분 정도가 지나면 흥분이 가라앉고 점점 미안한 감정이 올라온다. 그러면 나를 자책하기 시작한다. '멍청한 놈, 이 바보 같은 놈'이라고 속으로 외치면서 말이다. 그렇게 자책이 지나면 아내에게 다가가 어떻게든 상처받은 마음을 위로해주려고 한다. 나의 마음이 전해질 때까지 하다 보면 어느새 아내는 울음을 그친다. 그때마다 난 아내에게 미안하다고 말했다. 처음 이 말을 했을 땐 아내가 진심이라고 느꼈는지 곧잘 화를 풀었다. 그런데 다툼의 횟수가 잦아지다 보니 본의 아니게 '미안해'라는 말을 남용하게 되었다. 그래서인지 아내는 이제 내가 미안하다고 말하면 '거짓말'이라며 화를 냈다. 그리고 한마디 더 보탰다. "항상 항상 미안해 말해요. 그런데 왜 항상 똑같아." 이 말을 듣고서 '미안해'라는 말을 함부로 하지 말아야겠다는 생각을 했다. 어쩌다 한 번이라면 모를까 당시 난 '미안해'라는 말을 너무 많이 했다. 그것은 바로 약속을 지키지 않았다는 증거이기도 했다.

'미안해'라는 말 속에는 반성과 다시는 비슷한 이유로 화내지 않겠다는 약속도 포함된 것이다. 그런데 나는 앵무새처럼 말만 반복했다. 다툼의 원인이 되었던 행동을 하지 않겠다는 약속을 망각한 채로 말이다.

사례 속 남성은 결혼이라는 큰일을 두고 약속을 했다. 그랬다면 목숨 걸고 그 약속을 지키는 게 맞다. 그 약속을 지키지 않는다면 그것만 믿고 결혼한 아내는 뭐가 되겠는가. 사기당했다고 생각할 수밖에 없다. 이런 마음이 든 이상 정상적인 부부 생활을 유지하는 것은 불가능하다. 자신을 크게 실망시킨 사람과 어떻게 밥을 먹고 한 이불을 덮고 잘 수 있겠는가. 약속은 지키기 위해 있는 것이다. 국제결혼을 할 때의 약속은 신중하게 생각해서 해야 한다. 처음부터 지키지 못할 약속이라면 하지 않는 게 상책이다.

6

잊지 마라, 아내에겐 당신뿐이다

당신은 언제 혼자라고 느끼는가. 나는 부모님의 사랑을 많이 받고 자라서인지 혼자라고 느낀 적이 거의 없었다. 회사에서 혼자 밥을 먹더라도, 쉬는 날 혼자서 TV를 보고 있어도, 혼자라고 느낀 적은 거의 없었다. 그런데 명절 때 아내를 보면서 혼자라는 느낌이 어떤 건지 조금은 알게 되었다. 명절에 집에 내려가면 아내는 조카들이랑 놀아주거나 혼자 방에서 핸드폰을 했다. 처음에는 가족이 거실에서 이야기를 나눌 때 내 옆에서 같이 들었다. 가족 중 누군가 재밌는 이야기를 해 온 가족이 웃으면 아내는 어색한 웃음을 지어 보였다. 그런데 해가 지날수록 아내는 가족들이 이야기 나누는 거실에 있기보다 할머니 방에서 핸드폰을 보는 시간이 많아졌다. 가족이 이야기를 하면 무슨 말인지 이해도 안 될 뿐더러 한국말을 잘하는 것도 아니니 그 자리가 불편했던 것이다. 그리고 가족이 지금 내 이야기를 하는지 어떤 이야기를 하는지 알 수 없으니 답답했을 거라고 생각한다.

내가 만약 아내의 입장이라면 정말 혼자라는 생각이 자주 들 것 같다는 생각이 들었다. 남편이 옆에 있어도 그런 감정이 순간순간 올라올 것 같았다. 며칠 전에는 퇴근하는 아내를 마중하러 나갔다. 차에 탄 아내의 얼굴은 아주 어두웠다. 직감적으로 무슨 일이 있다는 생각이 들었다. 보통 퇴근해서 집에 오면 10시가 넘는다. 그러면 아내는 늦은 저녁을 집에서 먹는다. 이날은 집에 딱히 먹을 게 없어서 마트를 들렀는데 아내는 친구와 통화만 하고 있었다. 아무래도 일하면서 있었던 속상한 마음을 털어놓고 있는 듯했다.

결국 우리는 마트서 장을 보지 않은 채 집으로 들어왔다. 집에 와서도 아내는 친구와 통화를 나누었다. 30분 정도가 지나고 통화를 마친 아내는 나에게 배고프다고 말했다. 집에는 밥도 해놓은 게 없었고 시간은 11시를 넘어가고 있었다. 나는 아내에게 "집에 먹을 거 없으니까 마트서 장 보라고 했잖아."라고 말했다. 마트에서 아내가 장을 보고 싶은 기분이 아니었다는 것을 알고는 있었지만 그렇게 말이 나와버린 것이다.

아내는 아무 말 없이 샤워를 하러 욕실에 들어갔다. 그리고 샤워하는 물소리 사이로 울음소리가 들려왔다. 나는 아내가 이때도 혼자라고 느꼈을 것 같다고 생각한다. 식당에서 안 좋은 일 때문에 속상하고, 저녁도 못 먹어서 서럽고, 말도 안 통하는 한국에 덩그러니 혼자 와 있으니 눈물이 났을 거라고 생각한다. 나 또한 그런 아내를 보면서 속이 상했다. 아내가 저녁을 맛있게 먹고 기분 좋게 잠자리에 들기 바랐다. 하지만 때론 내 마음과 다르게 상황은 반대로 돌아갔다.

아내는 별거 아닌 말에도 간혹 눈물을 흘렸다. 아내와 다투다 보면 나에게 자주하는 말이 있다. "밖에 가, 나가." 실제로 홧김에 밖에 나간 적도 있다. 그래서 한번은 나도 아내에게 똑같이 "밖에 가."라고 말했다. 그 순간 아내는 표정이 바뀌더니 옷을 입고 정말 밖으로 나가버렸다. 농담으로 한 말이었는데도 말이다. 내가 간신히 아내를 달래서 들어오게 했지만 그 사이 아내는 울고 있었다. 나는 이때 똑같은 말이라도 내가 처한 상황에 따라 그 말이 다르게 와닿는다는 사실을 깨닫게 되었다. 아내는 모든 것이 낯선 한국에서 가족도 형제와도 멀리 떨어져 사는 자신이 혼자라고 느낀 적이 많을 것이다. 그런 상황에서 밖에 나가라는 말은 아무리 농담이라도 울컥할 수밖에 없는 것이었다.

아내가 의지하고 기댈 곳은 나밖에 없는데 이래선 안 되겠다는 생각이 들었다. 말 한마디도 사랑과 애정을 담아서 전해야겠다고 생각했다. 내가 주는 사랑과 애정이 클수록 아내가 혼자라는 느낌을 덜 느낄 거라 생각하기 때문이었다.

아내가 한국에 들어온 지 2달 정도 되었을 때였다. 이때 아내는 일주일에 3일 문화센터를 다니고 있었다. 퇴근 후 아내는 그날 문화센터에서 있었던 일들을 말해주었다. 그런데 어느 날 아내는 나에게 같은 말을 계속 반복했다. 그때는 한국말이 더 서툴러 거의 라오스어로 말을 했다. 내가 알아듣는 유일한 단어는 "콘 까올리 니싸이 버디"라는 말이었는데 해석하자면 '한국 사람 나빠요.'이다. 나는 한국 사람이 왜 나쁜지 아내에게 물어봤다. 그런데 아내가 설명을 할수록 더 이해하기가 어려웠다. 뭔가 말하려는 것 같긴 한데 이해가 안 되니 답답한 마음이었다. 나는 지레짐작으로 아내가 길 가는데 한국 사람이 툭 쳐 놓고 사과하지 않아서 화가 난 거라고 해석을 했다. 그래서 아내에게 어느 나라를 가든지 나쁜 사람은 다 있다고 말해주었다. 그렇다고 한국 사람이 다 나쁜 게 아니고 라오스도 마찬가지라고 말해주었다. 아내는 나의 말을 듣고는 그게 아니라는 듯 답답해했다.

다음 날 아내는 나에게 핸드폰에 온 문자를 보여주었다. 문자 속 내용은 이랬다. "한국 사람 나빠요. 저 1층 편의점에서 선생님 기다려요. 그런데 한국 남자 와서 저 만졌어요. 무서워서 집으로 다시 올라가는데 따라왔어요." 난 문자 내용을 보고는 충격을 받았다. 말로만 듣던 성희롱을 아내가 당한 것이었다. 머릿속이 하얘지면서 아내의 사정을 못 알아본 게 미안했다. 아내는 한국에 들어와 산 지 오래된 친구에게 이 상황을 한국말 문자로 부탁했던 것이다. 상황을 파악하고 나는 곧바로 112에 신고를 했다. 경찰은 빠른 시간에 도착했다. 나는 아내에게 들은 사실을 바탕으로 진술서를 작성했다. 경찰은 CCTV 영상을 확인하고 나서 나에게 아내가 겪은 일이 사실임을 말해주었다. 그중 엘리베이터 영상은 나를 더 충격에 빠트렸다. 겁에 질린 아내가 집으로 다시 들어가기 위해 엘리베이터를 탔는데 이 남성이 엘리베이터 안까지 따라왔던 것이었다. 나는 설마 엘리베이터 안까지 따라왔을 거라고는 생각하지 못했는데, 아내는 엘리베이터 문이 닫히기 전 다시 나와서 남자에게 왜 그러냐고 소리쳤고 다행히 잠시 후 다른 사람들이 와서 그 남성은 다른 곳으로 갔다고 했다.

나는 이 이야기를 듣는 동안 손발이 다 떨렸다. 정말 피의자가 눈앞에 있었다면 몽둥이로 때려죽이고 싶다는 생각이 들었다. 나는 진술서를 적으며 피의자가 검거되면 최대한의 법적 처벌 받기 원한다는 서명을 했다. 그리고 얼마 후 신기하게도 피의자는 검거되었다. 그런데 자신의 행위에 대해 인정하지 않는다는 말을 담당 형사에게 들었다. 이 문제는 몇 개월 뒤 재판을 거치며 마무리되었다. 재판장 안에서는 담당 검사가 아내가 당한 사실에 대해 꼬치꼬치 따져 물었다. 말 한마디만 잘못해도 의미가 달라질 수 있겠다는 느낌이 너무 분명하게 다가오는 순간이었다. 답답한 마음에 내가 나서서 말했지만, 그때마다 검사는 단호하게 나를 막아섰다. 재판이 끝나고 얼마 뒤 법원으로부터 결과를 받았다. 결과는 피의자가 법에 따라 그에 맞는 처벌을 받는다는 것이었다. 나는 피의자가 죗값을 받는다는 사실에 후련함을 느끼면서 동시에 골치 아픈 일 때문에 더이상 왔다갔다하지 않아도 된다는 해방감도 들었다.

아내가 그 당시 느낀 두려움과 공포는 엄청났을 것이다. 그리고 그 순간 내가 옆에 있어주지 못해서 너무도 안타까웠다. 그날 이후로 나는 아내에게 더 애정을 쏟게 되었다. 지켜주지 못한 것에 대한 미안함도 있었고, 앞으로는 내가 더 책임지고 지켜주겠다는 표현이기도 했다.

국제결혼을 한 이주여성들은 같은 상황에서도 다르게 느낄 때가 있다. 명절 때 당신은 가족과 함께라서 좋을지 몰라도 아내는 그리 편하지만은 않다. 그냥 농담으로 하는 말도 때론 상처가 되기도 한다. 먼 곳에서 왔기 때문이다. 자신의 주변엔 가족도, 같은 언어를 사용하는 사람들도 없으니 혼자라는 생각은 수시로 가슴을 파고든다. 남편은 아내의 이런 마음을 잘 알고 있어야 한다. 그리고 이런 마음을 채워줄 수 있는 사람도 당신뿐이란 걸 깨달아야 한다. 나의 경우 불미스러운 일을 겪었지만 이 일로 나는 많은 것을 느꼈다. 당연한 소리지만 피해를 당했을 때 아내의 억울함을 대변해줄 수 있는 것도 나뿐이었다. 그리고 그런 과정을 겪으면서 스트레스도 받았지만 아내의 보호자로서 책임감을 다시 한 번 느낄 수 있었다. 거듭 말하지만 아내에게는 당신뿐이다. 당신에게도 아내밖에 없다는 마음이 자리하길 바란다.

7

국제결혼에 대한 환상을 지워라

국제결혼을 키워드로 검색하면 관련 검색어로 가장 상위에 러시아가 뜬다. 왜 가장 상위에 러시아가 뜰까? 맞다. 가장 많이 검색되었으니까 뜬 것이다. 난 남성들이 러시아 국제결혼을 검색하는 데는 전부는 아닐지라도 몇몇의 한국 남성이 국제결혼에 대한 로망이 있기 때문인 거 같다. 내가 국제결혼에 대한 생각이 없을 때도 그런 로망이 있었던 것 같다. 인터넷에 떠돌아다니는 러시아나 우크라이나 미녀들의 사진을 보며 '나의 아내가 저런 여성이라면 어떨까?' 막연하게 생각했다. 그리고 태어날 2세가 어떤 모습일지 상상의 나래를 펼쳤다. 엄마를 닮은 하얀 피부에 오뚝한 코, 사슴 같은 눈망울을 머릿속에 그렸다. 실제로 러시아나 우크

라이나 여성과 국제결혼을 해서 이런 가정을 이룬 사람이 있을 것이다. 그런데 국제결혼은 외모만 가지고 접근해서는 안 된다. 신부를 선택하는 데 가장 중요하게 보는 것이 외모지만 결국 외모도 중요하고 성격도 중요하다는 말이 된다. 하지만 내가 살아보니 그런 완벽한 사람은 없다. 하나를 가지고 있으면 부족한 부분이 반드시 존재한다.

내가 이전에 잠깐 언급했던 미스코리아 느낌의 여성을 기억할 것이다. 나와의 맞선 장소에는 나오지 않았고 사진보다 실물이 더 미인이라는 업체 사장님의 말도 말이다. 내가 놀란 점은 이 여성의 사진을 인터넷에서도 마주했다는 것이었다. 이미 다른 업체를 통해서도 맞선이 이루어지고 있는 것처럼 보였다. 얼굴이 예쁜 신부는 업체에서도 좋아한다. 왜냐면 광고 효과가 있기 때문이다. 신랑들이 이 여성을 보고 연락이 오면 맞선을 해줄 수도 있고 아니면 다른 신부들과도 맞선을 연결할 수 있기 때문이다.

나는 이 여성과 맞선이 이루어지지는 않았지만, 업체 사장님을 통해서 간간히 소식을 접할 수 있었다. 이 소식들은 내가 이미 결혼식을 올리고 난 뒤의 일이었다. 얼굴이 예쁜 여자가 있으면 남성 중 대부분은 그 여성에게 호감을 느낀다. 내 뒤에 라오스를 간 신랑들도 나와 마찬가지로 미스코리아 느낌의 신부를 마음에 들어 하는 눈치였다. 그중 한 명도 나처럼 맞선 때 그 여성을 꼭 보기 원했다고 한다. 그런데 무슨 이유 때문이었는지 그 여성은 이번에도 맞선 장소에 나오지 않았다. 나는 맞선장소에 못나왔을 때 그냥 그러려니 했다. 그런데 이 신랑은 그 여성이 정말 마음에 들어서 비엔티안에서 꽤 멀리 떨어진 맞선 여성의 집까지 찾아갔다. 4~5시간을 달려서 간 신랑은 맞선 여성을 만났지만 안타깝게도 거절을 당했다고 한다. 국제결혼에 대해 오해하시는 분들이 많아 말하지만, 남자가 여성을 선택한다고 해서 여성이 무조건 승낙하는 건 아니다. 예전에는 단체맞선에서 신랑이 갑의 위치에서 선택했다고 하지만 요즘에 그런 모습은 찾아보기 힘들다. 나는 이 이야기를 듣고 나도 만약 찾아갔다면 어떻게 됐을까 잠시 생각해보았다.

나는 한 달 간격으로 종종 업체사장님에게 그 여성의 근황을 물어봤다. 그냥 어떤 남성과 결혼할지 궁금한 것이었다. 그런데 내가 결혼한 지 반년이 다 되어가는데도 그 여성은 아직 짝을 찾지 못했다고 들었다. 업체사장님의 말에 따르면 못 찾았다기보다는 그 여성의 눈높이가 많이 올라갔다는 점을 지적했다.

그 여성은 자신의 외모가 국제결혼이라는 둘레 안에서 어느 정도의 위치인지 감을 잡은 것이다. 많은 남성들이 자신을 보기 원한다는 사실을 안 순간 더 괜찮은 신랑이 오기를 기다렸을 것이다. 만약 당신이 이 여성과 결혼하게 된다면 많은 부분을 인내해야 한다. 여성은 지금까지 들인 시간에 대한 보상을 받기 위해 남편에게 많은 걸 요구할 가능성이 높다. 남편이 이 모든 걸 감내하고 소화하면 문제가 되지 않지만 아무리 외모가 예쁜 여성이라도 사람인 이상 단점은 존재한다. 내가 말하고자 하는 것은 외모만 찾다가 중요한 것을 놓치지 말라는 것이다. 갈등이 생기고 눈앞이 깜깜해졌을 때 외모가 부부의 사랑을 지켜주는 것은 아니다. 칠흑 같은 암흑 속에서도 부부의 사랑을 유지해갈 수 있는 당신만의 느낌이 있어야 한다.

소통 전문가로 유명한 '김창옥 교수'는 강연 때 종종 자신의 어머니 이야기를 한다. 그러던 중 놀라운 이야기를 접했다. 어머니가 아직도 아버지의 삼시세끼를 챙긴다는 것이었다. 물론 여기까지는 놀랍지 않을 수 있다. 그런데 아버지는 밥통의 밥은 안 드신다고 했다. 반찬도 반찬통에 담겨 있으면 안 드신다고 한다. 그래서 어머니는 70이 넘은 나이에도 끼니마다 새 밥을 지으시고 새 반찬을 하신다고 했다. 정말 대단하시다는 생각밖에 들지 않았다. 하루 세끼를 챙기는 것도 버거운데 매번 새 밥과 새 반찬을 하신다니 존경스럽다는 생각마저 들었다.

요즘 결혼하는 한국 여성들은 상상도 못할 일이다. 국제결혼을 하면 매번 새 밥과 새 반찬은 아니더라도 매 끼니를 받는 건 생각할 수 있을까. 만약 세끼를 기대하는 사람이 있다면 한 끼라도 받으면 다행이라고 말해주고 싶다. 아내가 요리를 꽤 해본 솜씨라고는 했지만 자기 나라의 음식만 해봤지 한식은 거의 해본 적이 없다. 현지에서 잠깐 배웠다고는 해도 그건 이벤트성이 강하다. 실질적으로 신부가 한국에 들어오면 그냥 백지 상태라고 보면 된다. 음식도 마찬가지다. 하나하나 처음부터 다 알려주어야 한다. 그나마 신랑이 요리를 잘한다면 문제가 없다. 문제가 되는 경우는 자신도 한국 음식을 잘하지 못하면서 아내에게 한식으로 밥상을 차리라고 강요하는 신랑이다.

국제결혼을 하는 데 가져선 안 될 환상이 바로 밥상에 대한 환상이다. 10년차 자취남의 초라한 밥상이 국제결혼을 한다고 해서 바뀔 거라고 기대해선 안 된다. 국제결혼을 준비한다면 밥상에 대한 교통정리가 필요하다. 가장 좋은 방법은 자신이 음식을 배우거나 해먹는 것이다. 그리고 아내에게 하는 법을 가르쳐주는 것이다. 자신은 음식을 하지도 않으면서 아내에게 강요만 한다면 아내도 배우려 하지 않는다. 밥을 먹는 것에서도 솔선수범의 자세를 가져야 하는 것이다.

아내는 왜 당신과 국제결혼을 했다고 생각하는가. 죽도록 사랑해서? 나를 행복하게 해줄 것 같아서? 하나는 맞고 하나는 틀리다. 그리고 그 하나도 반만 맞다고 할 수 있다. 신부는 신랑을 죽도록 사랑해서 결혼하는 것이 아니다. 자신의 행복도 중요하지만 부모님의 행복을 더 중요하게 생각하는 신부도 있다. 이런 마음이 밑바탕에 깔려 있는 상태에서 신랑이 좀 괜찮아 보이고 착해 보이고 나한테 잘해줄 것 같아서 결혼을 하는 것이다.

절대 신부가 나한테 반해서, 나를 사랑해서 결혼한다는 환상을 가져서는 안 된다. 이것은 한국에 신부가 들어왔을 때 어디에 우선순위를 두는지와도 연관이 있다. 신부가 입국하면 신랑은 신부의 마음을 얻기 위해 최선을 다해야 한다. 그것보다 중요한 것은 없다. 아내의 마음을 얻고 믿음을 얻어야 그다음이 순조로워지기 때문이다.

나는 이 부분에 어려움을 겪고 준비하려는 신랑들을 돕기 위해 현재 네이버 카페 '한국국제결혼코칭협회(이하 한국협)'을 운영하고 있다. 도움을 원한다면 네이버 카페에 가입하라. 국제결혼을 준비하는 신랑들은 여러 채널을 통해 정보를 얻는다. 그리고 나름의 계획도 세운다. 하지만 나의 경험상 계획은 여지없이 틀어지고 뒤바뀐다. 좋은 정보를 습득해서 준비하는 자세는 칭찬받을 만하다. 하지만 수많은 정보를 머릿속에 넣기 전에 내가 가지고 있던 편견이나 환상은 없었는지 생각해봐야 한다. 술잔은 비워졌을 때 다시 채울 수 있듯이 머릿속에 편견, 환상 같은 것을 하나씩 비우다 보면 새로운 지식이 더 빛을 발할 거라고 생각한다.

8

문화센터와 부부 모임에 적극 참여하라

직장생활 하고 있을 때 아내는 나에게 자주 사진을 보냈다. 밥 먹는 사진, 새로 산 옷을 입고 찍은 사진, 화장하고 찍은 사진 등. 나는 그렇게 사진을 보며 아내가 지금 무엇을 하고 있는지 알 수 있었다. 그런데 어느 날 아내는 평소와는 다른 사진을 내게 보냈다. 이전에는 대부분 집안에서 찍은 사진들이었는데, 이번에 보내온 사진은 시내에서 찍은 사진이었다. 시내에서 옷을 구경하는 사진, 식당에서 밥을 먹는 사진 등.

나는 그때까지 아내와 같이 시내를 나가본 일이 없었다. 그래서 아내가 어떻게 시내를 혼자 나가게 됐는지 궁금해졌다. 아내는 나의 질문에 문화센터 친구들이랑 시내 구경을 나왔다고 말해주었다. 알고 보니 아내는 얼마 전부터 다니기 시작한 문화센터에서 알게 된 친구들과 시내를 나간 것이었다. 나는 전부터 집에서 혼자 사진 찍고 노는 아내가 조금 안쓰러웠는데 친구들과 재밌게 놀고 있는 사진을 보니 기분이 참 좋았다.

국제결혼을 한 다문화가정 중 문제가 많은 가정은 공통점이 있다. 바로 아내의 외부 활동을 가로막는다는 것이다. 한국어를 배우고 싶은데 가로막는 시어머니가 있다. 밭일을 하는데 한국어가 왜 필요하냐는 이유로 말이다. 다문화센터 나가고 싶은데 가로막는 남편이 있다. 아내를 믿지 못하는 의처증 때문이다. 이런 예 말고도 다른 이유로 이주여성의 외부 활동을 차단하는 일이 많을 것이다.

아마도 문제가 많은 다문화 가정은 국제결혼에 대한 생각이 바르지 않아서 생겨난다고 본다. 국제결혼을 한 이주여성은 애 낳고 일만 하려고 결혼한 게 아니다. 부모님께 도움도 드리고 자기 자신도 행복하게 살기 위해 온 것이다. 이 점을 혼동해서는 안 된다. 그러므로 돈을 주고 데려왔으니 시키는 대로 해야 한다는 몰상식한 생각을 가져서는 안 된다.

다문화센터는 결혼해서 한국으로 온 이주여성들의 정착을 돕기 위해 운영되는 국가기관이다. 이곳에서는 대표적으로 한국어를 가르치는 일을 한다. 또한 취업을 알선하며 각종 행사를 통해 이주여성들의 소통을 돕기도 한다.

나는 아내가 다문화센터를 다니기 전에 집에만 있을 때 밖에 좀 나가라고 말했다. 가까운 서점에도 가보고 마트도 혼자서 다녀보라고 했다. 그런데 아내는 집이 좋은지 계속 집안에만 있었다. 나는 부모님과 함께 살지 않기 때문에 아내는 집에 혼자 있는 게 가장 편하긴 했을 것이다. 그런데 아내는 내가 일하는 동안 혼자 있다 보니 할 게 마땅치 않았다. 핸드폰을 보거나 잠을 자는 게 전부였다. 아내가 외부 활동을 하는 것을 막는 것도 문제지만, 이렇게 집안에만 있게 하는 것도 문제가 될 수 있다. 아무것도 하지 않고 집에만 있으면 사람이 나태해지기 때문이다.

이주여성은 여건상 한국에 들어오자마자 일하기가 쉽지 않다. 그리고 일을 바로 하는 것도 그리 추천하고 싶지 않다. 그래서 난 이주여성이 한국에 입국하고 일을 시작하기 전까지는 문화센터에 다니는 것을 추천한다. 이 기간에 친구들을 사귀고 함께 놀다 보면 한국문화를 체험하고 적응해 갈 수 있다. 그리고 언어를 공부하면서 좀 더 기본기를 다지게 된다. 언어의 경우 문화센터에만 의지하기보단 기본기를 다진다는 생각으로 접근해야 한다. 학구열이 높지 않은 나라의 이주여성은 언어를 공부로 익히는 게 쉽지 않기 때문이다. 오히려 생활 속에서나 일을 하면서 말이 늘게 되는 경우가 많다.

국제결혼 후 남편과 아내가 한 공간에 같이 있는 시간은 생각보다 많지 않다. 아침 일찍 출근해 저녁 늦게 퇴근하는 남편들의 일상만 봐도 알 수 있다. 남편이 일하러 나가 있는 동안 아내는 집안에 혼자 덩그러니 남게 된다. 부모님과 같이 산다면 시어머니를 도와 집안일을 하는 게 전부이다. 처음 1~2달 이렇게 지내는 것은 나쁘지 않다. 사는 집과 집 주변을 돌아보며 분위기에 적응하는 시간도 필요하다. 문화센터를 다니고 안 다니고는 선택사항이다. 하지만 지금까지 말한 점을 감안한다면 국가에서 무료로 운영하는 다문화센터를 다니지 않을 이유가 있을까.

작년에는 라오스 가족 워크숍에 참석했다. 업체 사장님이 주관해서 한 행사로 1박 2일의 일정으로 다녀왔다. 참석한 가정은 20쌍 정도였다. 사는 지역이 다 달라서 초면인 경우도 있고 1~2번 마주한 커플도 있었다. 처음엔 약간 어색했지만 국제결혼이라는 공통점 때문인지 금세 어색함이 사라졌다. 업체 사장님이 준비한 워크숍은 꽤나 풍성했다. 준비한 음식도 많았고, 상품도 많았다. 그리고 레크리에이션 시간에는 전문 MC까지 초빙한 스케일을 자랑했다. 역시 전문 MC답게 게임 진행이 매끄럽고 참 재밌었다. 기억에 남은 장면은 아내가 발씨름을 우승해서 겨울 이불을 상품으로 받은 것이다. 마지막 접전에서는 나도 모르게 목이 터져라 응원했던 것 같다. 레크리에이션 시간이 끝나고는 다 같이 바베큐 파티를 했다. 내가 막내급이라 전담으로 고기를 구웠지만 재밌게 놀고 있는 아내를 보고 있으니 뿌듯했다.

사실 난 이렇게 많은 사람들이 함께하는 자리를 그리 좋아하지 않는다. 그럼에도 행사에 참석한 이유는 모두 아내 때문이었다. 한국으로 시집온 아내들은 자연스레 서로 친구가 된다. 라오스에서 기숙사 생활을 하면서 친구가 되기도 하고 결혼식장에서 보면서 친구가 되기도 한다. 평소에 서로 메신저를 주고받으며 연락을 하지만 자주 만나지는 못한다. 그냥 그날 있었던 일들에 대해서 이야기를 나누는 게 전부다. 나는 아내가 친구들과 연락을 주고받기는 해도 여건상 자주 못 본다는 점을 알고 있었다. 그래서 자주는 아니더라도 이런 단체 모임이 있을 때는 빠지지 않고 참여했다. 그곳에서는 아내가 그동안 못 봤던 친구들을 볼 수 있고 재밌게 놀 수 있기 때문이다. 그렇게 재밌게 친구들과 놀다 보면 마치 한국이 고향처럼 느껴질 거라고 생각한다. 몸은 라오스에서 멀리 떨어져 있지만 외로움을 덜 느낄 거라고 생각한다.

올 초에도 업체 사장님은 행사를 할 예정이라고 말해주었다. 그리고 상품은 작년보다 더 커졌다는 귀띔도 해주셨다. 바로 부부 동반 라오스 항공권이었다. 그러나 아쉽게도 올해 행사는 코로나19로 취소가 되었다.

상품은 둘째 치더라도 아내가 오랜만에 친구들을 만날 수 있는 자리가 취소되어서 안타깝다.

한편 부부 모임은 따로 있지 않다. 라오스 가족 중 누군가 주도적으로 부부 모임을 만들지 않은 이유도 있지만, 나도 그런 성격이 아니기 때문이다. 내가 말하는 부부 모임은 특정 모임을 말하는 것은 아니다. 아내가 친구들을 만나 이야기를 나눌 수 있는 종류의 모든 모임을 포함하는 것으로 거기에는 결혼식도 포함된다.

업체 사장님은 감사하게도 결혼식이 끝나면 항상 라오스 가족들을 모두 이끌고 커피숍에 간다. 결혼식은 사실 금방 끝나는데 신부들이 아쉬워할까 봐 일부러 자리를 만드신 것이다. 커피숍에서 친구들이랑 좀 더 얘기도 나누고 더 놀다 가라고 말이다. 그것도 결혼식이 있을 때마다 말이다. 나는 업체 사장님의 이런 따뜻한 배려가 항상 고마웠다. 그래서 언제 식사 한번 같이하자고 했지만, 너무 바쁘셔서 아직까지 같이 자리를 같이하지 못했다.

국제결혼을 한 이주여성이 빠르게 한국사회에 적응하려면 외부 활동을 해야 한다고 생각한다. 외부 활동이라고 해서 꼭 일하는 것만 말하는 것은 아니다. 다문화센터에 등록해서 다니는 것도 외부 활동 중 하나다.

모임에서 친구들을 만나는 것도 외부 활동이다. 이러한 활동이 필요한 이유는 집안에만 있으면 느낄 수 없기 때문이다. 다문화센터를 다니면서 아내는 버스를 타기도 하고 친구들과 시내구경을 하기도 한다. 이 자체가 이미 한국사회에 대한 체험이자 적응이다. 대부분 나이가 어린 아내들은 한창 친구들과 놀고 싶어 하는 나이다. 자주는 아니더라도 모임이나 행사에 참여해서 이런 기회를 만들어주면 부부 관계에도 도움이 된다. 어떻게 보면 이런 것은 아내가 원하는 것이기도 하다. 사회에 빨리 적응해서 일하고 싶고 친구들을 만나서 놀고 싶은 것 말이다. 남편은 아내의 이런 마음을 잘 알고 적절히 충족시켜주어야 한다. 그렇게 된다면 좀 더 건강한 다문화가정이 형성되리라고 믿는다.

5 장

국제결혼,
알고 해야
실패하지 않는다

1

국제결혼 후 더 열심히 살게 되었다

국제결혼 후 엄마가 나에게 종종 하시는 말씀이 있다. "표영아, 네가 짊어질 짐이 많다." 나는 엄마가 왜 이런 말씀을 하시는지 잘 알고 있다. 국제결혼을 하고 나서 남편으로서 사위로서, 매형, 형부로서 처가에 힘이 되어드려야 하기 때문이다. 장인어른과 장모님은 조그맣게 귤 농사를 지으신다. 그것만으로는 살림하기가 부족하기 때문에 장모님은 다른 농장에서 일을 더 하신다. 라오스도 베트남과 가까운 나라여서인지 장인어른은 귤 농사 외에 다른 일은 하시지 않는다. 아내는 항상 아버님은 일을 안 하시고 엄마 혼자 고생한다며 속상해한다. 하지만 라오스에 일자리가 부족한 이유도 있다. 농사 외에는 취직해서 들어갈 만한 일자리가 없기 때문이다. 그래서 처남과 처제도 부모님의 일손을 도우는 것 외에는 할 일이 많지 않다. 나는 이런 환경을 보며 앞으로는 정말 더 열심히 살아야겠다는 생각을 하게 되었다.

국제결혼을 하기 전 나는 평범한 직장생활을 했다. 광주에서 평균 임금을 받으며 그렇게 하루하루를 살았다. 그때 들어간 회사가 딱히 좋아서 입사한 건 아니었다. 그나마 면접을 봤던 회사들 중에서 깨끗해 보였고 작업 환경이 좋아 보여서 들어갔던 것이다. 처음에는 나름 만족하면서 일했지만 시간이 지날수록 가슴이 답답했다. 내가 원하는 일은 분명 어딘가에 있는데, 마치 이곳에 묶여 있는 듯한 느낌을 많이 받았다. 그런 답답한 회사생활을 하던 중 불현듯 국제결혼이 나에게 찾아왔다. 그리고 국제결혼 후 아내와 함께 생활하며 가족에 대한 아내의 마음도 확인할 수 있었다. 누구나 그럴 테지만 아내는 가족을 무척이나 생각했다. 부모님을 도와드리고 동생들에게 보탬이 되고자 하는 마음이 내게도 전해졌다. 나는 아내가 아무리 잘 지낸다 해도 부모님과 동생들이 잘 지내지 못한다면 행복하지 않겠다는 생각이 들었다. 하지만 내가 지금 당장 부모님께 경제적으로 큰 도움을 드릴 수 있는 건 아니었다.

회사생활만 해서는 답이 없었다. 매달 180만 원 정도 벌어서 처가에 도움을 주기란 현실적으로 불가능에 가까웠다. 모든 직장인이 미래에 대한 불안감을 가지고 있을 것이다. 나도 그런 불안감을 가지고 있었다. 그리고 국제결혼 후 처가에 도움을 주고 싶은 생각이 더해지니 불안은 더 커져만 갔다.

내가 지금처럼 국제결혼을 통해 책을 쓰고, 유튜브를 하고, 카페를 운영하며 여러 사람에게 도움을 줄 수 있기까지는 한 사람의 도움이 컸다. 그는 작가이자 네이버 카페 '한책협'을 운영하고 있는 '김태광' 대표이다. 김태광 대표는 국내 책 쓰기 코칭 분야의 1인자이다. 25년간 1,000명의 작가를 배출했으며, 250권이 넘는 저서를 출간했다. 나는 유튜브를 통해 그를 처음 알게 되었고 그의 영상을 보면서 직장생활이 아닌 작가로서의 삶을 선택했다. 그 길이 내가 원하는 길이라는 걸 직감적으로 알게 되었기 때문이다.

평범한 직장인에서 작가로의 전환은 쉽지 않았다. 많은 우여곡절이 있었지만 그때마다 부모님과 아내의 얼굴이 눈앞에 아른거렸다. 내가 선택한 이 길에서 성공을 이루어 모두의 얼굴에 행복을 선물하고 싶었다. 다행히도 아내는 내가 직장을 그만두고 얼마 지나지 않아 일을 시작하게 되었다. 아내는 나의 꿈을 응원하고 지원해주었다.

나는 아직 원하는 만큼은 아니지만 조금씩 결실을 보고 있다. 그것은 내가 평범한 직장생활을 했을 때와는 다른 마음으로 열심히 살기 때문이라고 생각한다. 만약 국제결혼을 하지 않았다면 나는 이렇게까지 열심히 살지 않았을 거라고 생각한다. 나에게 국제결혼은 기회가 되었다.

아내는 나에게 동기부여가이다. 아내가 일을 시작한 이유 중 하나는 자신의 꿈을 이루기 위해서였다. 아내는 라오스에 땅을 사서 새 집을 짓는 게 꿈이다. 그곳에서 부모님과 동생들이 행복하게 사는 모습을 꿈꾼다. 며칠 전 아내는 일하던 중 나에게 문자를 보내왔다. 일하는 게 너무 힘들다는 내용이었다. 주방일이라 너무 덥고 손님도 너무 많아서 힘들다고 했다. 평소에는 그렇게까지 힘들다고 말하지 않았기에 나는 아내에게 너무 힘들면 그만두고 다른 일을 찾아보자고 했다. 하지만 아내는 이내 괜찮다며 다시 일을 하기 시작했다.

아내는 순간 너무 힘들어서 푸념했을 수도 있다. 그런데 퇴근할 때마다 저린 손을 주무르는 아내를 보고 있으면 안타깝다. 그리고 그 모습에서 원하는 꿈을 이루기 위해 인내하는 모습을 확인한다. 아내가 나에게 보여준 인내의 모습은 내가 하는 일에 활력을 불어넣어준다. 그것이 때로 백 마디 말보다 더 큰 힘이 된다.

아내와 내가 원하는 꿈은 다르지만 서로의 모습을 보면서 우리 부부는 조금씩 성장해가고 있다. 국제결혼이란 인연으로 만나 아내와 나는 이전보다 삶에 더 충실하게 살고 있는 것이다.

그동안 나는 엄마에게 기대만 안겨드리고 실망만 시켜드렸다. 엄마는 나에게 공부라도 제대로 시켜보자는 마음에 어릴 때 학원도 보내고 과외도 시켜주셨다. 그때마다 난 딴짓하기 바빴다. 공부에는 전혀 관심이 없었다. 성인이 되어서는 한 직장에 오래 머무르지 않았다. 그때마다 엄마는 형처럼 한곳에 진득하게 다녀야지 자주 옮겨서야 되겠냐고 하셨다.

한번은 특별한 걸 해보고 싶은 마음에 핸드백 디자이너가 되고 싶다며 엄마에게 학원비를 청구했다. 300만 원에 가까운 학원비를 엄마는 아무 말씀 없이 지원해주셨다. 그런데 그마저도 다니다가 중도에 포기했다. 그 이후로 나는 엄마에게 2번의 실망을 더 안겨드렸다. 하나는 국제결혼을 하겠다는 것이고, 다른 하나는 4년 가까이 다니던 직장을 그만두겠다고 한 것이다. 실망의 정도는 달랐지만 실망하셨다는 점은 모두 같았다. 다행인 점은 국제결혼해서 잘 사는 모습을 보여드리니 지금은 좋아하신다는 것이다. 직장을 그만두고 작가가 된 사실은 뒤늦게 아셨지만, 꾸준히 일을 해나가는 내 모습을 보시고는 오히려 여기저기 자랑하고 다니신다. 그 모습을 보면서 난 더 열심히 해야겠다는 다짐을 하게 된다.

나는 국제결혼 후 더 열심히 살게 되었다. 이렇게 살 수 있는 이유는 내 삶에서 중요한 게 무엇인지 알게 되었기 때문이다. 그것은 나의 행복이다. 국제결혼을 선택한 것도 나의 행복을 위해서였고, 작가의 길을 선택한 것도 나의 행복 때문이다. 나는 내가 행복할 때 비로소 주변을 행복하게 할 수 있다고 생각한다. 내가 불행하면 주변도 불행해진다. 나는 국제결혼을 선택하는 모든 사람이 자신의 행복을 우선순위에 두길 바란다. 그리고 그 행복을 굳건히 지키기 위해 자신의 위치에서 열심히 살아가길 바란다.

2

기대를 최대한 낮춰라

혹시 믿었던 사람에게 배신당한 적이 있는가? 아니면 기대했던 일에 대해 실망한 적이 있는가? 우리는 살아가는 동안 어떤 일이나 특정 대상에 대해 기대를 하게 된다. 나 또한 지금까지 살아오면서 기대를 한 일이 많았다. 소개팅에서 마음에 든 상대에게 문자했을 때 답장이 오길 기대했다. 대기업에 지원했을 때 합격문자가 오길 기대했다. 하지만 때론 기대와는 다른 결과로 이어졌다. 그때마다 나의 실망감은 기대하기 전보다 더 컸다. 지인 중에는 사람에 대한 기대 때문에 상처받은 사람도 있다. 그분은 상대방이 잘되게끔 성심성의껏 지원을 아끼지 않았다. 상대방은 지인의 이런 마음을 진심으로 고마워하는 거 같았다. 하지만 얼마 가지 않아 잘나가게 된 상대방은 지인의 도움을 기억하기보다 뒤에서 욕을 하고 다녔다고 한다. 지인은 상대방을 진심으로 도우면서 함께 오래가길 기대했지만 돌아온 건 배신이었다. 지인의 실망감은 이루 말할 수 없었다고 한다.

위의 내용처럼 기대한 대로 이루어지지 않았을 때 실망하는 것을 '기대치 위반 효과(Expectancy Violation Effect)'라고 부른다. 이와 반대의 용어로는 '피그말리온 효과(Pygmalion Effect)'가 있다. 이 효과는 바라는 대로 이루어진다는 의미를 담고 있다. 피그말리온이라는 조각가는 현실 속 여자들은 혐오하면서 자신이 조각한 예술작품과 사랑에 빠져버렸다. 이 조각상의 이름은 갈라테이아였다. 사랑에 빠진 피그말리온은 이 작품을 진짜 자신의 애인처럼 사랑으로 보살폈다. 이 모습에 감동한 아프로디테 여신은 이 조각상을 진짜 사람으로 만들어주었다. 피그말리온이 바라는 대로 이루어진 것이다.

심리학 용어에는 이렇게 서로 상반되는 이론이 존재한다. 하나는 기대한 대로 이루어지지 않으면 실망이 크다는 것이고 다른 하나는 기대한 대로 이루어진다는 것이다. 그렇다면 국제결혼을 앞두고서는 둘 중 어떤 마음을 가져야 할까? 나는 국제결혼 자체에 대해서는 행복한 미래를 기대하되, 아내에 대한 기대는 최대한 낮추라고 말하고 싶다. 왜냐하면 사람은 완벽하지 않기 때문이다. 이것은 당신이 아내에 대한 기대가 높을 수록 실망을 안게 될 확률이 크다는 증거이기도 하다.

국제결혼을 준비하는 신랑들이 가장 기대하는 것은 무엇일까? 여러 가지가 있겠지만 나는 신부의 외모가 그중 하나라고 생각한다. 예쁜 신부를 만나길 많은 신랑들이 기대한다. 이런 기대는 남녀의 만남을 전제로 한 모든 형태의 만남에서 자연스럽게 나타나는 증상이기도 하다. 누가 맞선이나 소개팅을 나갔는데 못생긴 여성이 나오길 기대하겠는가. 모두 예쁘고 몸매가 좋은 여성이 나오길 기대한다.

내가 사진을 보고 반해서 라오스를 가게 되었을 때도 마찬가지였다. 사진 속 여성은 보고만 있어도 가슴이 벅차오르고 심장이 두근두근 요동쳤다. 나는 이 여성을 빨리 만나보고 싶었다. 그리고 만남에 앞서 여러 가지 상상을 하며 기대감을 점점 높여갔다. 그런데 라오스에 도착해보니 내 기대와는 다른 상황이 펼쳐졌다. 그녀를 만나기 전 거칠게 뛰던 심장은 그녀가 문을 열고 들어온 순간 차분하게 가라앉기 시작했다. 처음엔 업체 사장님과 여성을 번갈아보며 내가 말했던 사진 속 여성이 맞는지 눈빛으로 확인했다. 사장님은 맞다는 듯 고개를 끄덕이셨다. 나는 사진을 본 순간부터 실제 모습이 이와 똑같을 거라고 당연하게 생각했는데 막상 실제로 보고 나서는 두근거리는 감정을 느낄 수가 없었다. 얼굴을 찬찬히 보니 사진 속 얼굴이 희미하게 남아 있었지만 내 심장은 이미 너무나 차분하게 가라앉아 있었다.

국제결혼을 하려는 남성들은 업체를 통해 여성의 프로필을 받는다. 여성의 사진을 보며 자신이 호감을 느낄 만한 여성을 찾는다. 이때 한눈에 반할 정도로 마음에 든 여성을 찾을 수도, 적당한 호감을 느끼는 여성을 찾을 수도 있다. 어느 쪽이 되었든 난 사진을 너무 믿지 말라고 전하고 싶다. 당신은 주변에서 소개팅으로 여자를 소개받았는데 사진이랑 실물이 너무 다르더라는 말을 많이 들어봤을 것이다. 이 말은 국제결혼에서도 여전히 존재하는 말이다. 얼굴은 적당한 호감을 가질 정도면 충분하다. 중요한 건 실제로 만났을 때 온몸으로 느끼는 느낌이다.

신랑들이 기대하는 것은 무엇일까? 나의 경험을 비추어 말해보겠다. 그것은 신부에게 아무것도 기대하지 말라는 것이다. 혹시 그 정도로 국제결혼이 별로라고 생각할지도 모르겠다. 그러나 국제결혼이 별로라고 생각해서 말하는 게 아니다. 사람은 예상한 일에 대해 응답받는 것보다 예상치 못한 일에 응답받았을 때 더 행복을 느낀다. 오랜만에 꺼내 입은 겨울옷 주머니에 만 원짜리가 나오면 기분이 좋다. 예상하지 못했기 때문이다. 분명 자기가 넣어 놓은 돈인데도 말이다. 여행지에 가서 사전 정보 없이 한 식당에 들어갔다. 외관은 허름한데 음식맛이 기가 막히다. 이

때도 우리는 기분이 더 좋아진다. 이 정도의 식당일 거라 예상하지 못했기 때문이다.

내가 국제결혼을 하고 나서 느낀 점은 기대감이 적을수록 다툼이 적어지고 행복감은 올라간다는 것이었다. 아내는 생각보다 성격이 다혈질이었다. 나도 성격이 다혈질이다. 누구 한 명이 이 기질을 컨트롤하지 못하면 둘 다 망하는 것이었다. 그래서 나는 아내가 성격을 컨트롤하길 기대하지 않았다. 만약 기대했다면 아내의 다혈질적인 성격을 지적하고 고치려고 했을 것이다. 그런 행동을 하면서 '이제는 좀 덜하겠지.' 하고 기대하는 것이다. 하지만 모든 신부 대부분이 20대 초반이다. 자신을 컨트롤하기엔 아직 어린 나이이다. 나의 20대도 그랬고, 당신의 20대도 마찬가지였을 것이다. 자제하고 인내하기보단 감정이 이끄는 대로 생각하고 말하고 행동했을 것이다.

나는 아내가 설거지할 때도 그릇을 떨어트리지 않을 거라 기대하지 않는다. 화장실의 화장지가 다 떨어지더라도 바꿔 낄 거라 기대하지 않는다. 양치질을 하고 나서 칫솔을 칫솔꽂이에 제대로 꽂아놓길 기대하지 않는다. 빗과 머리핀이 항상 제자리에 놓일 거라고 기대하지 않는다. 당신이 국제결혼을 하게 되면 아내에게 어느 순간 이런 것을 기대할지도 모른다. 이것들은 매우 소소한 일이지만 난 이런 것들 때문에 아내와 자주 싸웠다.

내가 아내와 이런 사소한 일들로 싸우지 않게 된 시점은 기대를 낮추고 나서부터였다. 모든 일들에 대해서 기대를 하지 않았다. 그러자 신기하게도 똑같은 상황에서 기대를 낮추게 되니 그 일이 아주 작게 보이기 시작했다. 작은 일로 보이기 시작하니 더 이상 의미를 두지 않게 되었다.

기대를 갖는 게 나쁜 것만은 아니다. 기대는 삶의 활력이 되어주고 힘과 용기를 북돋워주기도 한다. 다만 기대의 좋은 면만 바라보다가 어두운 면을 놓쳐서는 안 된다. 우리는 기대에 대한 충분한 응답을 받지 못하면 실망하게 된다. 기대가 클수록 실망은 더 크게 작용한다. 나는 기대를 하지 말라고 하는 것이 아니다. 행복한 국제결혼, 성공한 국제결혼을 기대하는 건 좋다. 그러나 '아내가 이랬으면 좋겠다'는 막연한 기대를 가져선 안 된다. 기대를 하기보다 서로 부족한 점을 채워간다는 생각을 가져야 한다.

3

아내에게 최고의 서포터가 돼라

시골에 내려가면 엄마는 종종 안타까운 듯 말씀하신다. "표영아, 혜영이는 그래도 시집을 잘 온 거다. 여기 시골에 시집온 베트남 아가씨들은 장 서는 날이면 시장서 하루 종일 채소를 팔고 있다. 보고 있으면 너무 안쓰럽더라. 나이도 혜영이랑 비슷해 보이던데." 엄마의 눈에는 어린 아가씨들이 타국에 와서 채소를 팔고 있는 모습이 안타깝게 느껴지신 듯했다. 엄마는 이외에도 다른 말씀을 하시면서 아내가 시집을 잘 온 거라고 하신다.

난 담배도 안 피우고 술도 거의 안 마신다. 요즘에는 아내가 맥주를 좋아해서 어쩌다 1~2캔 마시는 정도다. 그렇다고 친구나 지인들과 자주 만나 빨리 들어오라는 아내의 잔소리를 듣는 일도 거의 없다. 아내를 위해서 밥도 하고 집안일도 자주 한다. 부모님은 다른 주변분들도 인정할 정도로 인자하신 분이다. 할머니는 아내를 무척이나 좋아하신다. 이 정도면 아내는 시집을 잘 온 거라 생각하지만 지금 아내가 시집을 잘 왔다는 걸 내세우려고 이 말을 하는 것은 아니다. 그리고 아내에게 '그래도 시집 잘 온 것'이라는 식으로 생색내지도 않는다. 그럴 마음도 없고 나또한 아내에게 장가를 잘 갔다고 생각하기 때문이다.

나는 아내가 한국에 들어와서 살게 되면 다른 이주여성들처럼 일하길 바라지 않았다. 채소를 팔거나 식당에서 일하길 원하지 않았기 때문이다. 그런 일을 무시해서가 아니다. 좀 더 아내가 전문적으로 무언가를 배웠으면 했다. 그렇게 되면 식당에서 일하는 것보다 좀 더 행복하고 자신감도 올라갈 거라고 생각했기 때문이다. 앞장에서 잠깐 언급했지만 네일학원을 등록한 일도 이런 이유에서였다. 네일학원을 그만두어서 나의 바람대로 되지는 않았지만, 나는 그 후로도 아내가 자기 일을 찾기를 바랐다.

아내는 나에게 자주 일하고 싶다는 말을 했다. 아직 한국에 들어온 지 1년이 조금 안 되었다. 그때는 무슨 생각에서인지 한국에 들어온 지 1년

이 지나기도 전에 일을 시작하는 건 이르다고 생각했다. 그래서 아내에게는 한국말이 조금 더 늘면 하자는 식으로 둘러댔다. 이런 나의 반응 때문에 아내는 답답했던 것 같았다. 다문화센터에서 알게 된 언니의 도움으로 일을 시작했던 것이다. 처음 시작한 일은 토란이나 도라지 같은 뿌리채소를 다듬는 일이었다. 새벽 일찍 나가야 해서 내가 만류했지만 아내는 매번 부지런히 일어났다. 처음 2주 정도는 제법 잘 다녔다. 일이 없을 때를 제외하고 꾸준히 나갔다. 그런데 어느 날 퇴근한 아내가 장화 때문에 발가락이 아프다고 말했다. 발가락을 보니 내성발톱이었다. 나도 내성발톱 때문에 수술도 하고 고생을 해봐서 그 고통을 잘 알고 있었다. 아내는 무서워서 싫다고 했지만 수술 외에는 방법이 없어 바로 다음 날 병원을 찾아갔다.

아내는 내성발톱 수술 후 거의 한 달간 제대로 걷지 못했다. 그 덕분에 일도 자연스레 그만두게 되었다. 상처가 아물고 발톱이 새로 돋아나자 아내는 이전처럼 자연스럽게 걷기 시작했다. 그리고 일을 또다시 하고 싶다고 나에게 보채기 시작했다. 아내가 이렇게 일하고 싶어 하는 것은 부모님께 하루빨리 집을 지어드리고 싶은 마음 때문이다. 그 마음을 알지만 이때는 나도 회사일 때문에 제대로 신경 써주지 못했다.

나는 형님에게 이러한 사정을 말했다. 형님은 나의 마음을 금세 이해하고 본인이 알고 있는 곱창집에서 하루 정도 일해보는 것이 어떻겠냐고 제안을 하셨다. 나는 형님의 생각에 동의했다. 사실 아내가 식당일을 해본 적이 없었기 때문에 마땅히 일을 구하기도 애매했다. 잘할 수 있을지 걱정도 되었다. 이런 걱정과 고민 때문에 아내의 일자리를 알아보는 일은 차일피일 미뤄졌었던 것이다. 아내는 형님이 소개한 식당에서 하루 정도를 일했다. 나는 먼발치서 아내를 지켜보았다. 아내는 뒷모습은 꽤나 씩씩해 보였다. 손님이 많아 정신없어 할 법도 한데 그런 모습은 보이지 않았다. 그런데 나중에 일을 끝내고 물어봤을 때 아내는 이곳 말고 다른 식당에서 일하고 싶다고 말했다. 손님이 너무 많아 힘들다는 이유로 말이다.

나는 아내에게 말했다. "혜영, 식당일은 다 힘들어." "다른 곳도 다 똑같아." 아내는 이 말을 듣고는 다 똑같지 않다며 손님이 조금 있는 식당에서 일하고 싶다고 말했다. 이 일을 계기로 아내는 나에게 일하고 싶다는 표현을 더 자주 하기 시작했다. 더 이상 두고만 볼 수 없는 일이었다. 나는 얼마 뒤 아내의 일자리를 구해주기 위해 구인광고를 보기 시작했다. 그 결과 아내의 일자리는 3번의 면접 끝에 구하게 되었다. 첫 번째로 연락한 곳은 시내에 있는 김밥집이었다. 구인광고란에 '외국인도 가능'이란 말을 보고 전화했다. 사장님과 약속을 잡고 나서 다음 날 아내와 나는 김밥집을 방문했다. 시내 중심에 있는 가게라서 손님이 꽤 있었다. 사장님은 아내에게 여러 가지 질문을 했다. 어느 나라에서 왔는지, 나이는 몇 살인지, 식당 일은 해본 적이 있는지 등을 물으셨다. 아내에게 질문하긴 했지만 대답은 거의 내가 다 했다. 아마도 사장님은 아내의 한국어 실력이 어느 정도인지 보기 위해서 질문을 하신 듯했다. 면접이 거의 다 끝나고 사장님은 따로 연락을 주겠다는 말씀을 하셨다. 그런데 기대와는 달리 같이 일하기 힘들겠다는 말을 들었다. 한국말이 아직 서툴다는 게 이유였다. 나는 아내가 이 소식을 듣고 실망할까 봐 걱정이 됐다. 하지만 숨길 수도 없는 사실이기에 아내에게 바로 말해주었다. 그리고 나는 실망할 틈도 주지 않기 위해서 아내에게 걱정 말라고 했다. 다른 곳 또 알아보면 되니까 여기가 안 돼도 상관없다는 말을 해주었다. 나의 자신감 넘치는 말에 아내는 실망하지 않고 이내 용기를 가졌다.

두 번째로 연락한 곳은 김치공장이었다. 이곳은 정말 연락하고 싶지 않았지만 '외국인 가능'이란 말에 물어나 보자는 심정으로 전화를 하게 되었다. 이곳도 마찬가지로 약속을 잡고 다음 날 방문을 했다. 면접은 아내가 옆에 있고 나와 사장님이 묻고 대답하는 식으로 진행되었다. 이곳 사장님도 이전 김밥집 사장님처럼 비슷한 질문을 했다. 하지만 다른 점은 이 일이 많이 힘들고 출퇴근 거리도 멀기 때문에 다른 일을 찾아보는 게 좋을 것 같다고 말씀하신 것이었다. 면접에서부터 정중하게 거절의사를 표현하신 것이었다. 사실 면접은 왔지만 나도 이 일을 바랐던 게 아니라서 사장님의 거절의사를 기분 좋게 받아들였다.

세 번째로 연락한 곳은 쌀국수 집이었다. 쌀국수가게에 가면 종종 종업원이 외국인인 경우가 많다. 그래서였을까. 나는 이곳에 연락하기 전부터 기대감을 가졌다. 면접에서 뵌 사장님은 엄청 인상이 좋아 보였다. 그리고 우리의 사정을 잘 아신다는 느낌도 받았다. 아내가 아직 한국어 실력이 부족하지만, 사장님은 같이 한번 해보자고 말씀하셨다. 나는 면접 보기 전부터 이곳에서 일했으면 좋겠다는 마음을 갖고 있었다. 쌀국수라는 메뉴는 라오스에서도 흔히 먹고 가게와 집까지의 거리도 괜찮기 때문이었다. 사장님의 말에 난 표현은 못 했지만 대기업에 입사한 것만큼 기분이 좋았다. 아내 또한 밝게 웃고 있었다.

이날 저녁 쌀국수집 사장님에게 전화가 왔다. 사장님은 아무래도 언어 때문에 같이 일하기 힘들겠다는 말씀을 하셨다. 나는 순간 정신이 멍해졌다. 면접을 볼 때만 해도 같이 일하자고 해놓고선 왜 이런 말씀을 하시는지 이해가 되지 않았다. 그리고 더 재밌는 건 며칠 뒤 쌀국수집 사장님은 다시 나에게 전화해서 내일부터 일할 수 있겠냐고 물은 것이다. 이때 겪은 일은 정말 온탕 냉탕을 여러 번 왔다 갔다 하는 기분이었다. 이렇게 아내는 3번의 면접 끝에 일자리를 구하게 됐다. 비록 처음부터 내가 원하는 일은 아니었지만 아내가 그 일을 하고 싶어 한다는 게 더 중요했다.

아내는 가만히 앉아서 하는 일보다는 움직이면서 하는 일을 더 좋아하는 경향이 있다. 지금은 식당일을 하고 있지만 나는 아내에게 더 다양한 경험을 할 수 있는 기회를 주고 싶다. 어떻게 보면 내가 지금의 일을 할 수 있게 된 것도 다 아내 덕이다. 아내가 나의 업을 찾아주었듯이 나 또한 아내의 업을 찾아주고 싶다. 만약 식당일이 정말 좋다면 직접 식당을 운영할 수 있게 도와주고 싶다. 국제결혼을 하고 나면 이주여성들은 한국 사람들이 잘 하지 않는 업종에 자연스레 스며든다. 식당일이 대표적이고 그 외 밭일이나 하우스 일도 있다. 나는 이 일들도 소중하고 누군가는 해야 한다고 생각한다. 다만 천편일률적으로 이주여성이 이런 일만 해야 한다는 사고는 갖지 않아야 한다는 것이다. 적어도 새로운 일을 해볼 기회는 제공하는 게 맞다고 생각한다. 엄마가 말씀하셨던 '시장에서 채소 파는 베트남 아가씨들'도 자기가 하고 싶어 하는 일이 분명히 있다. 그리고 이 일을 할 수 있도록 돕는 역할은 오로지 남편뿐이다.

4

첫날밤을 잘 보내라

명훈 씨는 베트남 국제결혼을 한 지 얼마 되지 않은 새신랑이다. 그는 평소 주변에서 결혼하면 잘살겠다는 칭찬을 자주 들어왔었다. 술과 담배도 하지 않고 부모님께 효도하는 착한 아들이었던 것이다. 그런데 그는 얼마 전 아내 때문에 큰 상처를 받았다. 바로 아내가 아무런 말도 없이 가출한 것이었다. 답답한 마음에 업체 사장님께 연락을 취한 명훈 씨는 아내가 왜 가출했는지 도무지 이해하지 못하겠다는 하소연을 했다. 설마 아내가 다른 살림을 차리거나 다른 속셈을 가지고 결혼한 게 아니냐는 의심도 들었다. 업체 사장님은 명훈 씨의 말에 착실한 아가씨라 그럴 일은 절대 없다며 안심을 시켰다. 명훈 씨는 부디 하루빨리 아내를 찾아달라며 업체 사장님에게 간절히 부탁했다. 몇 달 뒤 업체 사장님이 수소문 끝에 명훈 씨의 아내를 찾았다는 소식을 전해주었다. 아내를 찾았다는 소식에 그는 그동안 쌓였던 걱정과 근심이 눈 녹듯 녹아내렸다. 그리고 마침내 아내와 마주하게 된 명훈 씨. 아내의 행색은 말이 아니었다. 머리는 헝클어져 있었고 옷차림은 남루했다. 그동안의 녹록치 않은 생활을 보여주는 듯했다.

명훈 씨는 아내에게 왜 가출을 했는지부터 물었다. 그런데 아내의 대답은 생각하지도 못한 말이었다. 통역을 통해서 전해들은 내용은 이러했다. "첫날밤, 아직 남편 잘 몰라요. 그리고 좀 무서웠어요. 그래서 전 아직 남편과 관계를 갖고 싶지 않았어요. 그런데 남편은 제 마음도 모른 채 관계를 강행했어요. 너무 무서웠어요. 그래서 도망쳤어요."

명훈 씨는 통역이 전해주는 말을 듣고 충격을 받았다. 아내가 첫날밤 관계 맺은 일로 인해 가출할 거라고는 상상도 못 했기 때문이다. 명훈 씨의 입장은 이랬다. 40대 중반의 나이에 장가를 간 것이다 보니 그는 어린 아내에게 자신의 건강을 증명하고 싶었다고 한다. 첫날밤을 화끈하게 보내지 않으면 어린 아내가 혹시라도 자신의 성 능력을 의심할까 봐 걱정한 것이다. 문제는 그의 태도가 한국에 와서도 달라지지 않았다는 것이다. 아내는 아직 두렵고 무서운데 명훈 씨는 자신의 성 능력을 과시하기에 바빴다.

국제결혼을 준비하는 신랑들은 첫날밤을 어떻게 보내는지에 대해서 궁금해할 것이다. 사실 나는 이 부분에 대해서는 별 궁금증이 없었다. 오로지 마음에 맞는 신부를 만났으면 하는 생각이 많았다. 다행히도 나는 마음에 맞는 아내를 만났다. 그렇게 아내를 만나 첫날밤을 보내기 전에 현지 사장님은 첫날밤에 대해 귀띔을 해주셨다. 아내가 지금 생리 중이니 관계는 나중에 갖기를 원한다고 말이다. 나는 이 말을 전해 듣고는 흔쾌히 알았다고 대답했다. 솔직히 나는 첫날밤 관계를 꼭 가져야 한다는 생각은 없었다. 그저 내가 원하는 아내를 맞이했다는 것만으로도 가슴이 뿌듯했기 때문이다. 첫날밤은 현지 상황에 따라 식을 올리기 전 갖기도 하고 식을 올린 후 갖기도 한다. 국제결혼을 하는 대부분의 신랑은 첫날밤에 아내와 관계를 갖는다. 우리나라의 옛날 결혼 풍습과 같다고 보면 된다. 관계를 가지면서 남편과 아내는 서로의 성생활에 아무런 문제가 없음을 증명한다. 아내가 한국에 들어와서 처음 관계를 가졌는데 이때 문제가 발생하는 것을 미연에 방지하기 위한 것도 있는 것이다.

명훈 씨는 첫날밤에 자신이 성생활에 아무런 문제가 없음을 증명하고자 했다. 하지만 명훈 씨는 중요한 것을 놓쳤다. 바로 아내와 충분히 교감하지 못했다는 것이다. 남녀가 만나 한몸을 이루기까지는 충분히 교감을 쌓아야 한다. 어느 한쪽이 너무 앞서거나 뒤처져서는 안 된다. 서로의 몸과 마음이 충분히 무르익었을 때 하나가 될 수 있는 것이다.

현지에서 결혼할 아내를 결정하면 결혼식 준비를 한다. 신랑들은 신부가 결정되는 순간부터 첫날밤을 보내기 전까지 충분한 교감을 쌓아야 한다. 깊은 교감은 친밀감과 신뢰감을 높여주기 때문이다. 돌아보면 나는 아내와 결혼식을 올리기 전 충분한 교감을 쌓았던 것 같다. 처음에는 같이 차로 이동하면서 옆에 나란히 앉아 가는데도 눈도 안 마주치고 손도 안 잡았다. 싫었다기보다는 어색한 게 가장 큰 이유였다. 어찌 보면 당연한 일이다. 이제 2번밖에 안 만난 사이니 말이다. 그렇게 밥을 먹고 쇼핑을 하러 가는 동안 이런 나의 모습을 본 업체 사장님은 나에게 아내 손 좀 잡아주지 계속 그렇게 다닐 거냐며 나무라듯 뭐라고 하셨다. 나는 그 말이 떨어지기가 무섭게 아내의 손을 잡았다. 아내는 나의 갑작스런 행동에 놀라기보다는 옅은 미소를 지어 보였다.

아내와 손을 잡고 나니 마음이 한결 가벼웠다. 몸에서 멀어지면 마음에서도 멀어진다는 게 이런 뜻인가라는 생각도 들었다. 스킨십을 한번 트고 나니 행동이 더 자연스러워졌다. 아내의 어깨에 팔을 두르기도 하고, 머리를 쓰다듬어주기도 했다. 지금도 가장 기억에 남는 순간 중 하나는 아내와 함께 메콩강에 있는 식당에서 저녁을 먹은 것이다.

낮 동안 우리는 이곳저곳을 구경하고 웨딩포토를 촬영하는 동안 스킨십을 충분히 한 상태였다. 그래서 저녁 먹으러 식당에 들어섰을 때는 이미 서로 편해진 상태였다. 나는 아내와 편해지기도 하고 기분이 너무 좋아서 동영상을 찍었다. 지금도 가끔 심심할 때면 보는데 아주 닭살스러움이 여기저기서 묻어난다. 아내는 이런 나의 모습을 참 재미있어했다. 저녁식사를 마치고 우리는 숙소로 향했다. 현지 사장님이 귀띔해준 대로 난 이날 관계는 갖지 않고 바로 자야겠다고 생각했다. 샤워를 하고 침대에 누우니 피로가 물밀 듯이 밀려왔다. 그런데 신기하게도 잠이 오지 않았다. 아내도 잠이 오지 않는지 자꾸 뒤척였다. 아내와 나는 한참을 뒤척이다가 서로의 얼굴을 마주하게 되었다. 그리고 우리는 누가 먼저라고 할 것도 없이 서로에게 다가갔다.

나중에 알게 되었는데 이날 아내는 생리 중인 게 아니었다. 아직 남편과 편하지도 않은 상태이고 조금은 무서워서 관계를 다음으로 미루고 싶었던 것이었다. 아내가 나와 관계를 갖고자 하는 마음이 생긴 건 내가 편해졌고 믿음이 갔기 때문이다. 내가 만약 시간을 보내는 내내 손도 잡지 않고 어떤 애정 표현도 하지 않았다면 어땠을까. 같이 잠을 자더라도 내 쪽이 아닌 벽 쪽을 보고 잤을 확률이 더 크다고 본다. 그런 상태서 내가 관계 갖기를 강요라도 했다면 나 또한 명훈 씨와 같은 상황에 처했을 것이다.

첫날밤을 보내고 나서 맞이한 아침은 상쾌했다. 날씨도 좋았고 기분도 좋았다. 하룻밤을 같이 보내고 나니 아내도 나를 더 편하게 대했다. 그래서일까. 아내는 아침에 샤워를 하고 나서 머리를 말려달라는 부탁까지 했다. 긴 머리를 다 말리는 데 애는 먹었지만 아내와 더 가까워진 것 같다는 생각에 뿌듯했다.

첫 단추를 잘 끼워야 그다음 단추도 잘 끼울 수 있다. 국제결혼에서의 첫날밤도 마찬가지다. 명훈 씨처럼 첫날밤이란 단추를 잘못 끼우면 한국에 와서 어떤 식으로든 문제가 생기게 된다. 첫날밤을 아무 생각 없이 맞이해선 안 된다. 첫날밤을 성공적으로 보내기 위해서는 신부와 충분한 교감을 쌓는 게 중요하다. 신부는 남편이 아직은 어렵고 불편하다. 이 마음을 이해하고 풀어주기 위해 남편은 스킨십과 애정을 적절하게 표현해야 한다. 그렇게 하다 보면 처음에는 어색해도 점차 마음을 열게 된다. 국제결혼에서는 생각하지도 못한 것 때문에 문제가 커지는 경우가 많다. 이 부분은 신부가 어려서 감수성이 예민한 것과도 연관이 있다. 부모가 자식을 보살피듯 어린 신부를 조금만 더 섬세한 눈길로 바라본다면 첫날밤으로 인해 문제가 커지는 일은 없을 것이다.

5

인터넷 실패 사례,
참고는 하되
맹신하지 마라

대한민국은 인터넷이 가장 빠르고 잘되어 있는 나라이다. 외국인들이 한국에 와서 놀라는 것 중 하나가 바로 이 인터넷 보급률과 속도라고 한다. 내가 유일하게 나가본 외국은 라오스다. 우리나라는 어느 모텔을 가더라도 와이파이가 잘 잡힌다. 속도 또한 빠르다. 그런데 내가 라오스에서 묵었던 호텔은 와이파이가 잘 잡히지 않기도 했고 그 속도 또한 느렸다. 이렇듯 우리나라의 인터넷 환경이 다른 나라들보다 우수하다 보니 우리는 모든 정보를 인터넷에서 구한다. 무엇을 먹을지, 어디를 갈지, 어떤 제품을 사야 할지에 대한 정보를 인터넷상에서 검색한다. 국제결혼에 대한 정보도 마찬가지다.

인터넷에 국제결혼에 관한 정보를 검색하면 성공 사례보다는 실패 사례가 많다. 왜 실패 사례들이 더 많을까. 나는 그 이유가 크게 2가지라고 생각한다. 하나는 당연히 국제결혼을 실패한 사람들이 올린 질문이나 글이 더 많기 때문이다. 실제로 국제결혼을 해서 잘 사는 사람들도 많지만 그들은 특별한 이유가 있지 않은 이상 게시글이나 질문을 올리지 않는다. 잘살고 있는데 굳이 그럴 필요성을 못 느끼는 것이다. 다른 하나는 사람들이 성공 사례보다는 실패 사례에 더 관심을 갖기 때문이다. 이는 인간의 본성과도 연관이 있다. 인간의 가장 강력한 욕구 중 하나는 생존욕구다. 국제결혼을 준비하는 남성은 피해를 입지 않기 위해 피해 사례를 살펴본다. 어떤 피해가 있고 주의해야 할 게 무엇인지를 보는 것이다.

사전에 정보를 검색하고 준비하는 자세는 좋다고 생각한다. 국제결혼이 어떻게 이루어지고 돌아가는지 머릿속에 그려보는 것도 나쁘지는 않다. 하지만 정말 중요한 것은 인터넷에 나와 있지 않다. 그리고 세상일이 인터넷 안에 있는 텍스트처럼 딱딱 정해져 있는 것만도 아니다. 인터넷에 있는 피해 사례는 2가지로 나뉜다. 하나는 업체로 인한 피해, 다른 하나는 신부로 인한 피해다. 그리고 이 2가지 피해를 입지 않는 방법은 좋은 업체를 선택해서 좋은 신부를 만나 결혼하는 것으로 국제결혼을 하려는 남성들이 가장 원하는 것이기도 하다. 그래서 남성들은 인터넷상에 이런 질문을 올려놓는다.

'국제결혼할 때 좋은 업체 선택하는 기준은 뭔가요?' 이런 글을 올려놓으면 그 밑에는 여러 명이 자신의 생각을 글로 남긴다. 그중에는 현실적인 조언도 있고 아리송한 조언들도 있다. 나는 이러한 과정을 겪는 동안 자신의 머릿속에 어떤 생각이 자리하게 되는지 유심히 살펴보라고 말하고 싶다. 인터넷으로 알아보고 조사해서 너무 많은 정보를 알게 되면 의심이 많아진다. 왜냐하면 인터넷에서 보고 들어서 확인할 항목이 많기 때문이다. 이런 의심을 품게 되면 업체 대표와 상담할 때 걸림돌이 된다. 서로 진정성 있는 상담이 이루어지지 않기 때문이다. 내담자는 의심으로 가득 차 있고 업체 대표는 그런 태도 때문에 불쾌해진다.

업체 대표들도 이런 유형의 내담자를 가장 꺼린다. 상담을 받으러 온 사람이 자꾸 뭔가를 확인하려고만 하고 마음을 열지 않으면 그럴 것 같다는 생각이 든다. 그리고 이런 내담자들의 특징은 자신의 생각을 잘 바꾸려 하지 않는다는 것이다. 인터넷에 떠다니는 정보를 맹신했을 때 나타나는 부작용이기도 하다. 인터넷에 있는 글은 참고만 해야 한다. 그리고 업체를 선택할 때는 합법적으로 등록된 업체임은 기본이고, 대표의 진정성을 느껴야 한다. 이것은 인터넷이 아니라 본인이 직접 만나고 느껴야 얻을 수 있는 답이다.

인터넷에는 또 이런 질문이 올라와 있다. '국제결혼 맞선 시 나오는 질문 좀 알 수 있을까요?' 나는 이 질문을 한 남성의 마음이 어떤지 대충 짐작이 간다. 실제로 맞선볼 때 어떤 대화가 오가고 자신이 어떤 질문을 준비할지 생각하고 싶은 마음일 것이다. 나도 국제결혼을 하러 가기 전 질문할 거를 생각했다. '내가 크리스천인데 교회를 같이 다닐 수 있는지, 한국에 가면 하고 싶은 건 없는지, 2세 계획은 어떻게 되는지' 등을 질문지에 적었다.

그런데 사실 이런 질문은 크게 의미가 없다. 종교를 제외하면 말이다. 맞선을 나온 여성들은 한국에 가서 어떻게 살아야겠다는 명확한 그림이 아직 없다. 한국을 한 번도 와본 적이 없으니 당연한 것이다. 2세에 대한 계획도 곰곰이 생각해본 적이 거의 없다. 맞선 나온 날 결혼을 할지 안 할지도 모르는 상황인 걸 보면 당연한 것이다. 그래서 난 질문을 준비하는 데 크게 의미를 두지 않길 바란다. 중요한 건 질문을 주고받으면서 여성의 태도와 느낌을 살피는 것이다. 질문은 이러한 것을 보기 위한 과정에 지나지 않는다. 여성이 말할 때 표정은 어떤지, 내 눈을 자주 마주치는지, 앉아 있는 자세는 어떤지 등을 면밀히 봐야 한다. 아내로 선택할지 말지는 질문으로 판단하는 것이 아니라, 이러한 것을 기준으로 판단하는 것이다.

인터넷에서 정보를 찾는 사람들은 자신이 원하는 것에만 집중한다. 그러다 보니 정작 중요한 사실은 놓치기 쉽다. 그렇다고 인터넷이 친절하게 중요한 점을 짚어주는 것도 아니다. 판단은 스스로의 몫인 것이다. 나는 현명한 판단이란 질 좋은 정보와 올바른 인성이 만났을 때 나온다고 생각한다. 아무리 좋은 정보나 조언도 그 사람의 인성이 갖춰져 있지 않으면 의심하려 들고 믿지 않기 때문이다.

인터넷 실패 사례에 집중하기보다 자신의 마음에 집중해야 한다. 나는 국제결혼을 결정하기까지 많은 생각을 했다. '한국에 과연 내 인연이 있긴 한 걸까, 나는 왜 결혼을 하고 싶어 할까, 결혼하면 내가 가장으로서 잘할 수 있을까' 등을 수시로 생각했다. 내가 이런 생각을 한 이유는 나의 진심을 알고 싶었기 때문이다. 단순히 외로워서 결혼하고 싶지는 않았다. 그래서 앞으로 10년 후 나의 모습을 그려봤다. 결혼을 하지 않는다면 지금처럼 해왔듯이 혼자서 모든 걸 하고 있는 모습이 그려졌다. 이전에는 그게 자유롭고 좋았다. 그런데 어느 순간부터 혼자서 하는 모든 것이 지겨워지기 시작했다. 그런데 결혼하고 10년 후의 모습은 달랐다. 부모가 되어 있고 사랑스런 아내가 옆에 있었다. 그것만으로 가슴이 벅차올랐다.

이렇듯 국제결혼을 준비한다면 실패 사례에 집중하기보다 미래의 모습을 그려보길 바란다. 사람은 마음속에 행복하고 좋은 것들을 품었을 때 비로소 그것을 받게 된다. 상상이 현실이 되는 것이다. 실패 사례를 읽다 보면 자신도 모르게 그 모습을 상상하게 된다. 이것은 자신의 삶에 그 피해 사례를 끌어당기는 것과 같다. 학습이라고 생각했지만 자신의 무의식에 그 모습을 새기고 있는 것이다.

국제결혼을 해서 잘 사는 부부들의 특징이 있다. 내 자랑 같아서 말하기 부끄럽지만, 대부분의 남편이 인성이 좋다는 것이다. 성격이 모나지 않았으며 나보다는 주변을 배려하는 마음이 있다. 주변에 국제결혼해서 잘 사는 부부들을 보면 이런 부분이 비슷하다. 인터넷은 분명 유용한 도구로 좋은 정보도 많다. 하지만 자신의 마음을 먼저 살피고 좋은 인성을 갖추고자 노력하는 게 더 중요하다. 그렇다면 실패 사례를 굳이 찾아보지 않아도 국제결혼은 성공할 수 있을 것이다.

6

내가 바뀌면 아내도 바뀐다

나는 국제결혼을 하기 전후로 많이 변했다. 국제결혼을 하기 전에는 삶에 큰 의욕이 없었다. 하고 싶은 일도 없었고, 열심히 살아야겠다는 동기도 없었다. 대부분의 미혼남성이나 자취남들의 생활을 보면 크게 다르지 않다. 회사에서 일하고 퇴근하면 다음 날을 위해 바로 집으로 들어간다. 술자리나 친구를 좋아하는 사람은 퇴근 후 술자리를 갖고 여가를 즐긴다. 주말에도 크게 다르지는 않다.

금요일 저녁 술 약속을 잡고 일주일 중 가장 여유롭고 즐거운 저녁시간을 보낸다. 토요일과 일요일은 놀러가거나 집에서 휴식을 취한다.

나는 앞에서도 말했다시피 연애에 실패했다. 그러다 보니 남들은 주말에 여자친구와 놀러다니고 데이트를 즐기는 동안 혼자 시간을 보내야 했다. 때론 혼자가 아닌 둘이서 주말을 같이 보내기도 했다. 물론 여성이 아닌 남성으로 내가 자주 보는 형님들이었다. 한 분은 나의 국제결혼을 연결해준 형님이었고, 다른 한 분은 모임에서 알게 된 형님이다.

이 두 분은 자신의 색깔이 명확하다. 그리고 재밌는 사실은 서로가 흑과 백처럼 성향이 완벽하게 상반된다는 것이다. 국제결혼을 연결해준 형님을 편의상 국형님이라 부르겠다. 국형님은 주변을 잘 정리하지 않는다. 차 안을 봐도 집안을 봐도 정리되어 있는 모습은 찾아보기 힘들다. 내가 좀 치우라고 하면 “어차피 또 시간 지나면 똑같아지니까 그냥 둬.” 라고 할 뿐이다. 모임에서 만난 형님을 편의상 모형님이라 부르겠다. 모형님은 국형님과는 반대로 엄청 깔끔한 성격이다. 집안을 가면 먼지 하나가 없을 정도로 깨끗하다. 한번은 내가 집 청소를 하면서 현관 입구 쪽 바닥을 물티슈로 닦은 걸 자랑한 적이 있다. 그 말은 들은 모형님은 “그건 당연한 거 아냐?”라며 자랑할 만한 것도 아니라고 말했다.

이 두 형님은 약속시간에 대한 생각도 극명하게 갈린다. 국형님은 만나기로 약속을 잡으면 시간을 정확하게 정하지 않는다. 그냥 오전과 오후로 나뉜다. 반면 모형님은 시간을 정확히 정한다. 그리고 시간이 조금

지체될 것 같으면 미리 전화나 문자를 한다. 본인이 그렇게 하기 때문에 약속시간을 잘 지키지 않는 사람을 좋아하지 않는다. 이렇게 말하고 나니 국형님의 안 좋은 점만 이야기한 거 같아 수습을 해야 할 것 같다는 생각이 든다. 사실 국형님은 겉모습과는 다르게 다양한 능력이 있고 다양한 분야의 사람을 알고 있다. 그래서 내가 어떤 일로 도움을 구하면 항상 해결을 해주었다. 입담이 좋아 초면인 사람들과도 금방 깊은 대화를 나눈다. 그리고 사람이 재미있다. 뭔가 좋다고만 할 수 없는데도 유쾌한 부분이 있다. 모형님은 매사에 자신의 생각이 명확하다. 화장품 하나, 옷 하나를 사더라도 사는 이유가 명확하다. 그리고 항상 좋은 것만 추구한다. 이런 방식은 삶 전체에 다 녹아들어 있다. 그래서 집도 좋고 입고 다니는 옷도 좋고 뭐 하나 나무랄 데가 없다.

나는 이 두 형님을 만나면서 삶을 대하는 방식이 이렇게도 다를 수가 있다는 생각을 했다. 때론 정답이 아닌 것처럼 보일 때도 있지만, 나는 두 형님의 삶을 대하는 방식을 존중한다. 한번은 두 분을 만나게 해드렸다. 내가 모형님에게 국형님의 이야기를 많이 했던 게 발단이었다. 모형님은 국형님의 스타일을 매우 흥미롭게 생각한 거 같지만 나는 두 분의 성향이 너무 극이라 소개해드리기가 조금 조심스러웠다. 그리고 국형님의 스타일은 호불호가 나뉜다는 점도 있기 때문에 더욱 그랬다. 결국 모형님의 잦은 요청에 두 사람을 만나게 해주었지만 더 이상의 만남은 이

어지지 않았다.

두 형님은 아직 미혼이다. 그래서 나는 주말이 되면 자주 이 형님들과 시간을 보냈다. 두 분의 공통점은 아직 결혼할 생각이 없다는 것이다. 한때는 나도 이 형님들처럼 결혼 생각이 없었다. 그러다가 어느 날부터인가 이 형님들과 만나는 횟수가 줄어들기 시작했다. 두 형님과 사이가 안 좋아진 것도 아닌데도 말이다. 나는 형님들을 만날 때마다 비슷한 이야기를 나누었다. 결혼에 대한 이야기, 과거 함께 나누었던 추억들, 미래에 대한 일들 등. 그리고 어느 시점부터는 그런 것들이 더 이상 새롭게 느껴지지 않았다. 대화 주제가 반복되어서 지루한 게 아니라, 내 삶에 아무런 변화가 없어서 회의를 느끼고 있었던 것이다.

난 내 삶을 바꾸고 싶었다. 돈을 많이 벌어 성공해야겠다는 포부가 아닌 삶을 대하는 방식을 말이다. 내가 일하는 이유를 찾고 싶었고, 열심히 사는 게 무엇인지 알고 싶었다. 그리고 진짜 사랑이란 걸 해보고 싶었다. 나는 연애도 진득하게 해보지 못하고 여러 번 실패했기 때문에 항상 사랑에 대한 목마름이 있었다.

다행히도 지금은 국제결혼을 해서 이전보다 더 열심히 살고 있다. 내가 지켜야 할 사람이 있기 때문이다. 그리고 이 일을 하는 이유도 찾았다. 돈도 돈이지만 누군가를 도왔을 때 오는 뿌듯함을 알게 된 것이다. 사람은 누군가에게 도움이 되었을 때 자신을 가치 있게 여기게 된다. 나는 국제결혼을 통해서 진짜 사랑을 하게 되었고 사랑을 지키고 키워가기 위해 나를 계속 바꾸려는 노력을 하고 있다.

나는 아내의 미소에 반했다. 그 미소에 사랑을 느꼈다. 자꾸 생각이 났고 보고 싶고 가슴이 뛰었다. 하지만 한국에 들어와 같이 살아보니 그 미소를 매번 볼 수 있는 건 아니었다. 생각보다 많이 다투었고 생각보다 아내를 많이 울렸다. 서로 웃고 있을 땐 한없이 좋았다가도 다투고 나면 언제 그랬냐는 듯 냉랭한 기운이 흘렀다.

나는 이러한 과정을 겪을 때마다 무엇이 문제인지 생각했다. 그리고 어떻게 하면 다툼을 줄일 수 있을까 고민했다. 아무리 생각해도 결론은 하나였다. 바로 내가 바뀌어야 한다는 것이다. 아내와 다투는 원인 중 하나는 내가 아내의 행동에 짜증을 내는 반응에서 비롯되었다. 내가 짜증을 내면 아내도 짜증을 냈다. 그런 반응이 증폭되면 결국 아내가 울음을 터트렸다. 마치 아내는 거울과 같다는 생각이 들었다. 내가 보이는 반응을 그대로 따라 하기 때문이다. 이것은 참 간단하고도 단순한 사실이다. 누군가에게 화를 내면 갑과 을의 관계가 아닌 이상 상대방도 똑같이 화를 낸다. 그런데 그동안 난 이 사실을 망각하고 있었다. 내가 바뀌어야 한다는 생각을 하지 않았기 때문이다. 바뀌고자 하는 마음을 품지 않았기 때문에 간단한 사실을 보지 못한 것이다.

아내와의 다툼은 시간이 지날수록 그 횟수가 줄어들었고 아내는 더 많이 웃게 되었다. 내가 바뀌고 나니 아내의 표정과 기분도 바뀐 것이다. 나는 짜증보다는 인내와 이해가 만든 결과를 맞이하고 있다. 내가 노력해서 얻은 결과라서 만족감은 더 컸다. 삶이란 이렇게 노력해야 보상이 따른다는 사실을 부부 관계 속에서도 알게 되었다.

나는 일에서도 그전과는 완전히 태도가 달라졌다. 전에 회사를 다닐 땐 월급을 받기 위해서 다녔다. 아마 대부분의 직장인이 그럴 것이라 생각한다. 한 달간 나에게 주어진 일만 하면서 월급날만 기다렸다. 그렇게 4년 가까이 일하다 보니 한계가 왔다. 월급을 받기 위해서 일을 하는 것이 아니라 내가 좋아하는 일을 하고 싶었다. 그렇게 되면 돈을 지금보다 적게 벌어도 훨씬 더 행복할 거라 생각했기 때문이다. 운이 좋게도 나는 나의 일을 찾았다. 그리고 지금 나의 일을 하면서 행복하게 살고 있다. 지금은 월급을 받기 위해서 일하지 않는다. 오로지 내가 원해서 일하고 있다. 이런 모습은 아내에게도 영향을 주었다. 아내는 지금까지의 과정을 쭉 지켜보았다. 그것은 때로는 힘들어도 용기를 잃지 않은 모습이었다. 때로는 가슴 뛰는 꿈을 향한 열정이었다. 아내는 나의 모습을 보며 일할 때 힘들어도 쉽게 포기하지 않았다. 그리고 자신이 그린 꿈을 향해 한 걸음씩 나아갔다. 나는 아내의 그런 모습을 보며 응원하고 힘을 실어 주고 있다.

내가 많이 바뀌었다고 해도 가끔씩 다툼은 있다. 내가 화내면 아내도 화낸다는 사실을 알면서도 짜증을 내고 화를 내는 것이다. 대부분의 사람은 자신의 문제가 무엇이고 해결 방법은 무엇인지 알고, 때로는 그 사실을 실천하는 것이 어렵다는 것을 느끼게 된다. 그럴 때마다 난 자책하기보다 '이번엔 실패했지만 다음엔 더 노력하자'고 마음을 다잡는다. 의식적으로 이 사실을 인지하고 있지 않으면 그동안에 쌓인 습관처럼 행동하기 때문이다. 국제결혼을 하게 되면 남편은 아내의 모범이 되어야 한다. 아내는 남편의 말이나 행동 생각까지 모두 닮아간다. 매사 짜증내고 화내고 버럭하는 남편이라면 아내도 그와 똑같아진다. 당신도 그런 아내를 바라지는 않을 것이다. 항상 아내와 행복한 모습을 그려야 한다. 그리고 그때의 당신을 상상하고 의식적으로 그 모습이 된 것처럼 행동해보라. 당신이 바뀌기 시작하면 아내도 바뀌고 상상한 모습은 곧 현실이 될 것이다.

7

국제부부도 잉꼬부부로 살 수 있다

우리 주변을 보면 가끔 부부 관계가 유독 좋아 보이는 부부들이 있다. 우리는 그런 부부들을 가리켜 흔히 '잉꼬부부'라고 부른다. 우리말로 순화하면 원앙부부다.

예전에 KBS2편성 〈대국민 토크쇼 안녕하세요〉라는 프로그램을 봤다. 이 프로그램은 일반 시청자들이 자신의 고민이나 해결하고 싶은 문제를 사연으로 보낸다. 사연에 당첨된 사연자 자신의 고민거리를 이야기하고 MC들과 출연진들은 이 고민에 대한 여러 의견을 내놓고 상담을 해준다. 최종적으로는 방청객이 투표를 해 서 고민의 정도를 투표수로 보여준다.

어느 날 어떤 부부가 나왔다. 남편이 사연을 보냈는데 그 내용은 이러했다.

"우리 부부는 서로 사랑하고 지금까지도 좋은 관계를 유지하고 있습니다. 아내는 애교도 많고 저도 그런 아내가 너무 사랑스럽습니다. 그래서 우리 부부는 서로에 대한 애정 표현을 자주합니다. 어딜 가나 우리 부부는 서로 잘 떨어지지 않습니다. 그런데 문제는 우리 부부의 이런 행동을 사람들이 이상한 시선으로 바라본다는 것입니다. 바로 불륜관계처럼 본다는 것이죠. 전 그럴 때마다 일일이 해명할 수도 없고 답답해 미치겠습니다. 저희는 그냥 서로 사랑할 뿐인데 왜 그런 시선을 받아야 하는 걸까요. 정말 고민입니다."

출연진들과 방청객들은 사연자가 왜 이런 시선을 받아야 하는지 모두 궁금해했다. 그리고 남편이 등장했는데도 그 궁금증은 가시지 않았다. 그래서 MC들은 남편의 아내를 찾기 시작했다. 아내가 등장하고 남편의 옆에 서자 왜 그런 시선을 받아야 했는지 모두 이해하기 시작했다. 그 이유는 남편과 아내의 나이 차이가 조금 나 보였기 때문이었다. 그리고 이상하게 부부의 느낌보다는 불륜의 느낌이 조금 난다는 생각도 들었다. 왜 이런 생각이 들까. 곰곰이 생각해보니 그 이유는 편견 때문이었다. 아침 프로나 부부를 주제로 다루는 프로그램을 보면 잉꼬부부의 모습은 찾아보기 힘들다. 저마다 서로의 대한 불만을 표현하기 바쁘다. 아내와 애정 표현을 자주하는 부부보다는 서로 말썽부리는 자식처럼 바라보는 부부가 더 많다. 이런 현상은 주변에서도 쉽게 찾아볼 수 있다. 결혼한 지 20년 이상이 된 부부는 대부분 서로 붙어서 걷지 않는다. 남편은 뒷짐을 지고 아내는 뭔가 분주하다. 마트나 시장을 가면 마주하는 모습이다. TV나 생활에서 접한 이런 부부의 모습은 어느덧 우리의 의식 속에 자연스럽게 자리하게 되었다. 그 모습을 정상으로 받아들인 것이다. 그런데 사람들은 이 정상적인 모습에서 조금 벗어나면 색안경을 끼고 바라보게 된다. '분명 부부는 아닐 거야.' '딱 보니 불륜이네.' 이런 상상을 하며 사연자에게 시선을 보내는 것이다. 그리고 자신은 그런 모습이 아니다 보니 어쩌면 시기와 질투심이 들어 위로를 얻고자 이렇게 생각하는 것도 있을 것이다.

오로지 한 사람과 평생을 살다 보면 서로 애틋한 감정을 유지하는 게 쉽지는 않을 것이다. 그건 나의 부모님을 보더라도 알 수 있다. 엄마와 아버지는 서로 사이가 원만하시다. 그러나 잉꼬부부처럼 애정을 자주 표현하시는 관계는 아니다. 나는 그런 모습이 자연스럽다고 생각한다. 어찌 보면 그 관계는 서로 마음에 들지 않는 부분을 인내하고 헌신하면서 자연스럽게 자리 잡은 모습이기도 했다. 하지만 세상 모든 부부가 이런 관계만 유지한다고 못 박아서는 안 된다. 50년 이상을 함께 살아도 서로 애정을 표현하며 애틋한 관계를 유지하는 부부도 분명 있기 때문이다. 따라서 다수가 사는 방식을 정답처럼 생각해서는 안 된다.

나는 며칠 전 다문화 결혼식에 참석했다. 이번 결혼식은 특이하게도 합동으로 진행되는 결혼식이었다. 봉사단체에서 다문화 가정의 행복과 정착을 위해 지원하는 행사이기도 했다. 아내는 몇 주 전부터 이 결혼식에 꼭 가고 싶다고 했다. 왜냐하면 자신의 가장 친한 친구의 결혼식이기 때문이었다. 문제는 결혼식 일정은 토요일인데 그날 아내가 일을 해야 한다는 것이었다. 아내는 휴무를 바꾸기 원했고 나는 이런 아내의 뜻을 사장님께 전했다. 하지만 사장님은 내 말이 끝나기가 무섭게 안 된다고 했다. 바로 그날 아들이 시험을 봐야 해서 도와줄 사람이 없다는 게 이유였다. 나는 이 문제로 2~3차례 사장님께 전화했지만 그때마다 돌아온 대답은 힘들다는 말이었다. 아내에게 결혼식은 결혼식 이상의 의미가 있었다. 마치 어린아이가 다음 날 소풍 가는 것을 기대하는 것과 같았다.

나는 너무도 속상했다. 아내가 결혼식에 가서 맛있는 것도 먹고 오랜만에 만난 친구들과 사진 찍고 놀기를 바랐다. 그런데 얼마 되지 않은 기회도 즐기지 못하고 일을 해야 한다는 사실이 나를 가슴 아프게 했다. 결혼식이 일주일도 채 남지 않은 상황에서도 답은 딱히 나오지 않았다. 그러다가 어느 날 아내는 휴무를 바꾸기로 했다고 나에게 문자를 보냈다.

난 사장님께 따로 연락을 받은 것도 없는데 어찌 된 일인지 궁금했다. 알고 보니 결혼식이 있는 날 그전에 있던 언니가 도와주기로 한 것이었다. 전에 일하던 언니는 베트남에서 시집온 언니인데 서로 마음이 맞았는지 아내가 그동안 언니와 종종 연락을 했던 것이다. 다행히 언니는 아내의 부탁을 들어주기로 했고, 사장님도 허락해서 결혼식에 참석하게 되었다.

결혼식장에서 아내의 얼굴에서는 웃음이 떠나지 않았다. 친구들과 사진을 찍으며 또 하나의 추억을 만들어갔다. 2쌍의 커플의 결혼식이 진행됐는데, 한 쌍의 커플은 덤덤했고 한 쌍의 커플은 예식 중간에 눈물을 보이기도 했다. 알고 보니 신랑이 지금까지 외롭게 자라 감정이 북받쳐오른 것이었다. 그런 남편의 사정을 알고 있던 아내가 남편의 모습에 눈물을 지어 보였다. 눈물을 지었던 신부는 자신이 준비한 축가를 불렀다. 이전에 결혼식 갔을 때도 신부가 축가를 부른 걸 본적이 있었다. 그때는 라오스 노래였는데 이번에는 한국 노래였다. 어설픈 발음과 불안정한 음정이었지만 그 모습은 참 특별해 보였다. 그리고 이전에는 잘 느껴보지 못한 감동도 느꼈다.

결혼식을 마치고 라오스 식구들의 피로연이 이어졌다. 그곳에는 처음 본 부부들이 대부분이었다. 이곳에서도 여전히 난 막내급이었다. 일일이 한 분 한 분과 깊은 대화는 나누지 못했지만 아내와 함께 걸어가는 모습만 봐도 어떻게 사시는지 조금 짐작이 갔다. 한 부부는 서로 팔짱을 끼고 걸어갔다. 그리고 어떤 부부는 그냥 나란히 걸어갔다. 그중에서도 나는 식사할 때부터 아내와 이야기를 나누던 친구에게 눈길이 갔다. 그 친구는 피로연장을 가는 도중에도 옆에 남편으로 보이는 사람이 없었다. 나는 남편 없이 혼자 오기 쉽지 않았을 텐데 어떻게 왔는지 궁금했다. 그래서 아내에게 친구는 혼자 온 거냐고 물어보았다. 그런데 아내의 친구는 혼자 온 게 아니었다. 멀리 혼자 앞서가고 있는 남성이 친구의 남편이었다. 친구가 전날 남편과 싸웠다는 게 아내의 귀띔이었다.

피로연장에서 우리는 가볍게 대화를 나누었다. 그리고 어느 정도 시간이 지나자 업체 사장님은 새신랑 새신부의 노래를 들어봐야 하지 않겠냐며 분위기를 띄우기 시작했다. 아내의 친구 남편은 쑥스러운 듯 계속 내빼려했지만 분위기는 이미 뒤집기 어려운 상황이었다. 그렇게 노래가 시작되었고, 그다음 순서로는 내가 나갔다. 정말 오랜만에 노래를 불러보는 순간이었다. 아마 이전 회사에서 회식할 때 이후로는 처음이었던 것 같았다. 우리는 그렇게 각자 1~2곡씩 노래를 부르며 즐거운 시간을 보냈다. 유일하게 임신한 상태가 아니었던 아내는 혼자서 맥주를 마셨다. 약간의 술이 더해져 아내는 더 즐거운 듯 보였다.

피로연장에서도 부부의 모습은 가지각색이었다. 남편과 싸웠다던 아내의 친구는 여전히 남편과 멀리 떨어져 앉아 있었다. 남편이 노래를 불러도 나와서 같이 부르거나 놀지 않았다. 이제 막 결혼한 새신랑 새신부는 서로 마이크를 잡고 노래를 불렀다. 서로 사랑스러운 눈빛으로 바라보았다. 또 한 부부는 남편이 노래를 부르기 시작하자 아내가 앞으로 나왔다. 아내는 남편의 허리를 붙잡고 춤을 추었다.

나는 피로연장에서 부부의 다양한 모습을 보며 피로연장 안에 그동안 내가 겪어온 모습이 다 있다는 생각이 들었다. 결혼했을 때는 서로 사랑스러운 눈빛으로 바라보았다. 때론 싸워서 멀찌감치 떨어져 있기도 했다가 시간이 지나 다시 끌어안고 애정을 표현하기도 했다. 가끔 TV를 보면 한 번도 싸우지 않고 항상 금실 좋은 연예인 부부가 나온다. 나는 그들이 대중을 의식하기 때문에 일정 부분은 연기를 한다고 생각한다. 살다 보면 항상 좋을 수만은 없다. 오늘은 잉꼬부부 같다가도 내일은 원수처럼 대하기도 하는 게 부부이기 때문이다. 나는 이런 다양한 감정을 겪어가면서 애정이 쌓이고 더 굳건해진다고 생각한다. 다만 어떤 상황 속에서도 우리가 가야 할 목적지를 잊어선 안 된다. 잉꼬부부가 되는 것이 목표가 아니다. 그것은 내가 목적지를 잊지 않을 때 자연스럽게 얻는 결과이다. 국제결혼을 결심한 당신, 인생의 목적지를 잊지 않기 바란다. 당신의 성공적인 국제결혼과 행복을 응원한다.

국제결혼,
선택이 후회가 아닌, 축복이 되길 바라며

우선 부족한 책을 끝까지 읽어준 독자들에게 감사의 마음을 전한다. 나는 앞으로 국제결혼을 선택하는 모든 분이 자신의 선택을 후회하지 않기 바란다. 그리고 더 나아가서는 그 선택이 자신의 인생에서 축복이 되도록 만들어갔으면 한다. 축복은 거저 주어지는 것이 아니라 내가 만들어가고자 노력할 때 얻는 것이다.

내가 국제결혼을 하고 나서 누군가 나에게 이런 질문을 했다. 국제결혼을 선택한 것을 후회하지 않느냐고. 그때 난 0.5초의 망설임도 없이 바로 "후회하지 않는다."라고 말했다. 누군가는 "아직 얼마 안 살아봐서 그래."라고 말할 수도 있다. 맞다! 그 말을 하고 나서 얼마 지나지 않아 나는 후회했다. 내가 한 행동을 말이다. 내가 한 행동 때문에 아내가 눈물 흘리면 후회가 되었다. '내가 좀 더 부드럽게 말했다면 좋았을 텐데, 조금만 더 참을 걸.' 하며 후회했다. 만약 내가 다툴 때마다, 아내가 울 때마다 '국제결혼 괜히 했네.'라고 생각했다면 아마 이 결혼은 지금까지 유지되기 힘들었을 것이다.

국제결혼식을 무사히 마치고 나면 부부로서의 새로운 세상이 펼쳐진다. 이전에 경험해보지 못한 세상은 때론 혼란스럽고 후회가 밀려올 때도 있다. 부부 생활이 쉽지 않은 건 나와 아내의 생각이 다르기 때문이다. 이성적으로 봤을 때 분명히 아닌데, 아내가 그게 맞다고 주장할 때마다 가치관의 혼란을 느끼기도 한다. 내가 터득한 것은 아내가 기분이 안 좋을 땐 내 주장이 아무리 완벽해도 관계에는 아무런 도움이 되지 않는다는 것이다. 이성적인 대화는 아내가 기분 좋을 때 해야 그나마 먹힌다는 사실을 최근에야 깨달았다.

이 책을 읽은 독자들은 국제결혼을 준비하는 데 무엇이 중요하고 우선시해야 할 것이 무엇인지 조금은 알게 되었을 것이다. 이전의 국제결혼은 아무런 준비 없이 했다. 하지만 이젠 더 이상 아무런 대책 없이 해서는 안 된다. 지금부터라도 내가 왜 국제결혼을 선택하려는지 생각해봐야 한다. 그 이유가 명확하고 간절한지 스스로 깨달아야 한다. 그리고 선택한 중개업체가 양심적이고 사명감을 갖고 있는지도 살펴봐야 한다. 최종적으로는 국제결혼을 한 이후에 어떤 모습의 가정을 꾸리며 살 것인지 미리 그려보길 바란다. 이런 밑그림이 명확하게 있어야 혼란을 겪더라도 국제결혼 성공이라는 목표를 향해 한 걸음씩 나아가게 될 것이다.

나는 국제결혼을 한 뒤로 이혼하거나 업체로부터 피해를 입은 일들을 종종 보았다. 물론 그전에도 있었던 일이지만, 내 일이 되고 나니 더욱 관심을 갖게 되었다. 앞으로도 많은 이들이 국제결혼을 선택할 거라고 본다. 나는 이 책이 국제결혼을 앞둔 이들이 겪게 될 문제에 대한 해법을 찾는 데 등불이 되길 소망한다. 그리고 이 책의 도움으로 행복한 가정을 이룬다면 더없는 영광일 것이다.